KB060839

머릿속에 쏙쏙!
물리 노트

표지 및 아이콘 디자인   스에요시 요시미
본문 일러스트   타나카 마유미

〈그림 28-1〉 marrmya / PIXTA
〈그림 43-2〉 akiyoko/ PIXTA
〈그림 46-1〉 iStock.com/technotr
〈그림 51-1〉 iStock.com/Jobalou

머릿속에 쏙쏙!

물리 노트

사마키 다케오 엮고 씀 이인호 옮김

시그마북스
Sigma Books

머릿속에 쏙쏙! 물리 노트

발행일 2021년 3월 2일 초판 1쇄 발행
2022년 2월 10일 초판 2쇄 발행
편저자 사마키 다케오
옮긴이 이인호
발행인 강학경
발행처 시그마북수
마케팅 정제용
에디터 최연정, 최윤정
디자인 강경희, 김문배

등록번호 제10-965호
주소 서울특별시 영등포구 양평로 22길 21 선유도코오롱디지털타워 A402호
전자우편 sigmabooks@spress.co.kr
홈페이지 http://www.sigmabooks.co.kr
전화 (02) 2062-5288~9
팩시밀리 (02) 323-4197
ISBN 979-11-91307-08-5 (03420)

ZUKAI MIJIKA NI AFURERU "BUTSURI"GA 3 JIKAN DE WAKARU HON
© TAKEO SAMAKI 2020
Originally published in Japan in 2020 by ASUKA PUBLISHING INC.,Tokyo.
Korean translation rights arranged with ASUKA PUBLISHING INC.,Tokyo,
through TOHAN CORPORATION, TOKYO and Enters Korea Co.,Ltd.., Seoul.

시작하며
....

독자 여러분께

이 책은 다음과 같은 사람을 위해 썼다.

- 주위에 넘쳐나는 물리에 관해 알고 싶은 사람
- 우리 일상 속 물리에 관한 유용한 지식, 재미있는 지식을 알고 싶은 사람
- 다양한 상황을 물리로 바라봄으로써 물리적인 사고방식, 이른바 '물리 센스'를 익히고 싶은 사람

물리(학)는 자연과학의 왕과도 같은 학문으로 세상의 온갖 일들을 기술한다. 주변에서 흔히 보이는 현상 속에서도 물리 법칙을 찾아볼 수 있다.

우리는 아침에 일어나서 밤에 잘 때까지 하루 종일 물리와 함께한다. 세상에서 작용하는 중력, 마찰력, 다양한 전자제품의 원리, 걸어 다니고 물체를 움직일 수 있는 인체, 스포츠 등 언제 어디서나 물리는 우리를 따라다닌다.

그런데 학교에서 배우는 과학 과목(물리, 화학, 생물, 지구과학) 중에서 가장 미움받는 것으로 물리가 꼽힌다. 이는 물리의 추상성과 연이어 등장하는 공식과 계산 때문에 "알겠어!"라고 실감하기 힘들다 보니, 학교를 졸업하면 영영 잊어버리고픈

과목이 되어버려서가 아닐까.

이 책은 현재 물리를 어려워하고 있지만, 친근한 현상을 물리적인 관점으로 바라봐 시야를 넓히고 싶다는 지적 호기심이 왕성한 사람을 대상으로 썼다. 되도록 공식과 계산은 전면에 내세우지 않고 최소한만 쓰도록 힘썼다. 이제 시험을 위한 공부가 아니라, 주변에서 일어나는 현상과 일상적으로 사용하는 문명의 이기 등을 지적 호기심과 함께 이해하는 재미를 느껴봤으면 한다.

이 책의 집필진은 모두 초등학교, 중학교, 고등학교, 대학교에서 물리를 가르친 경험이 있다. 되도록 '이곳에 이런 물리가 있다'는 사실을 알기 쉽게 설명하도록 힘썼다. 이 책을 통해 '물리는 재밌다'는 생각이 들어서, 독자 여러분과 물리가 친해지는 계기가 되었으면 좋겠다.

마지막으로 이번 책에서도 과학을 어려워하는 첫 번째 독자로서 편집 작업에 힘써준 아스카 출판사의 다나카 유야 씨에게 감사의 말씀을 드린다.

집필자 대표

사마키 다게오

차례

제 1 장

시각과 청각에

넘쳐나는 물리

01

젊은 사람에게만 들리는 소리가 있다고?

사람마다 혹은 연령대마다 들을 수 있는 소리의 높낮이가 다르다. 젊은 사람들 중에는 휴대폰 벨 소리를 나이 든 사람에게는 들리지 않는 음역으로 설정해놓는 사람도 있다고 한다.

귀에 들어오는 소리의 성질

북을 힘껏 쳐서 큰 소리가 나면 주변에 있는 물건도 함께 떨릴 때가 있다. 이는 북의 진동이 공기를 울리고, 공기의 진동이 주변에 있는 물건을 울리기 때문이다.[1]

이때 우리 귓속에 있는 고막도 함께 진동해 공기를 밀고 당긴다. 그러면 공기 중에 부분적으로 빽빽한 부분과 성긴 부분이 생긴다. 공기가 빽빽하다는 말은 밀도가 높다는 뜻이고, 성기다는 건 밀도가 낮다는 뜻이다. 공기 중에서 소리는 공기의 밀도 변화라는 형태로 전해지며, 이러한 파동을 **종파**라고 한다(그림 1-1).

그림 1-1 **종파**

빽빽함 성김 빽빽함   성김   빽빽함

밀도가 높은 부분과 낮은 부분이 번갈아 나타나며 진행 방향을 따라 전해짐

----

1 공기뿐만 아니라 고체와 액체 속에서도 소리는 종파의 형태로 전해진다.

그림 1-2   진폭과 진동수

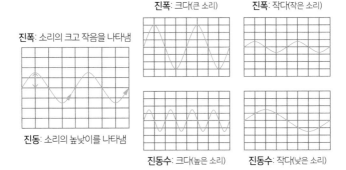

진폭: 소리의 크고 작음을 나타냄

진동: 소리의 높낮이를 나타냄

진폭: 크다(큰 소리)

진폭: 작다(작은 소리)

진동수: 크다(높은 소리)

진동수: 작다(낮은 소리)

  소리를 내는 물체가 1초 동안 진동한 횟수를 **진동수(주파수)**라고 한다. 또한 진동의 폭을 **진폭**이라고 부른다. 진동수는 **헤르츠(Hz)**[2]라는 단위를 사용한다(그림 1-2).

  벌은 1초에 대략 200번 날갯짓하므로 날 때 약 200Hz의 소리가 나고, 모기는 1초에 500번 정도 날갯짓하므로 약 500Hz의 소리가 난다. 진동수가 클수록 소리는 높아지므로 모기가 날 때 더 앵앵거리는 고음이 들린다.

  소리의 크기는 소리를 내는 물체가 진동하는 폭, 즉 진폭이 클수록 커진다.

우리 귀에 들리는 소리의 범위

우리 귀에 들리는 가장 낮은 소리와 가장 높은 소리의 범위는 사람

---

2 헤르츠는 독일 물리학자 하인리히 헤르츠 이름에서 유래했다. 그는 맥스웰이 예언한 전자기파 존재를 1888년에 증명한 것으로 유명하다.

그림 1-3   소리가 들리는 주파수 범위

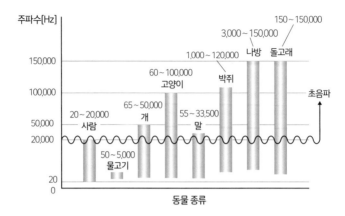

마다 다르고 나이에 따라서 나르시만, 내탁 **20~2민 H2**징도의 소리를 들을 수 있다. 진동수가 그보다 낮거나 높으면 아무리 진폭이 큰 소리라 할지라도 들리지 않는다.

   일반적으로 아기는 어른보다 더 높은 소리도 들을 수 있는데, 대략 5만 Hz의 소리까지 들린다고 한다. 개는 4만 Hz, 고양이는 10만 Hz의 고음도 들을 수 있다(그림 1-3).

나이가 들면 고음이 들리지 않는다

사람은 나이가 들수록 청력이 떨어져서 높은 소리가 점점 들리지 않게 된다. 젊은이에게만 들리는 17,000Hz의 소리를 내는 '모스키토'라는 스피커가 있는데, 모기가 날 때처럼 앵앵거리는 소리가 나서 들으면 몹시 불쾌하다. 이 스피커는 한밤중에 가게 앞에서 서성이는 젊은이들을 쫓아내기 위해 개발되었다.

30대 이상이 되면 17,000Hz 정도의 소리는 들리지 않는다고 한다. 이러한 소리를 휴대폰 벨 소리로 사용하는 학생도 있는데, 수업 중에 휴대폰이 울려도 선생님에게 들리지 않기 때문이다.[3]

초음파 활용 사례

2만 Hz 이상이라 귀에 들리지 않는 소리를 **초음파**라고 한다. 박쥐와 돌고래처럼 초음파를 사용하며 생활하는 동물도 있다. 박쥐는 지속 시간이 수 밀리초(1밀리초는 1,000분의 1초다) 밖에 안 되는 짧은 소리를 매초 10~20번씩 2만~10만 Hz의 진동수로 외치는데, 반사되어 돌아온 소리를 들음으로써 어둠 속에서도 공중에 있는 장애물의 위치를 파악하고 모기 등의 작은 먹이를 찾아내기도 한다. 이런 식으로 어두운 동굴이나 넓은 바다에서 상황을 정확하게 파악할 수 있다.

초음파는 다양하게 활용할 수 있다. 예를 들어 물속에 초음파를 발사하여 반사되는 소리를 통해 바다의 깊이를 측정할 수 있고, 〈그림 1-4〉처럼 고기떼를 탐지하기도 한다. 그

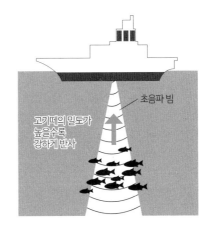

그림 1-4   고기떼 탐지기

초음파 빔

고기떼의 밀도가 높을수록 강하게 반사

3   모스키토는 2005년에 영국 웨일스의 하워드 스테이플턴이 개발했다. 이 발명으로 스테이플턴 은 2006년에 이그 노벨상을 받았다.

밖에도 초음파 세척기[4], 사람의 몸속을 검사하는 의료 기구, 고체 내부를 확인하는 초음파 탐상 검사[5]에도 이용된다.

02

적외선과 자외선은 어떤 작용을 할까?

인간이 볼 수 있는 가시광선은 빛의 종류 중 극히 일부이다. 빛을 다른 말로 전자기파라고도 하는데, 가시광선 외에도 전파, 적외선, 자외선, 엑스선, 감마선 등을 통틀어 이르는 말이다.

가시광선이 아닌 눈에 보이지 않는 빛

삼각기둥 모양의 유리인 프리즘으로 햇빛을 분해해보면 빨간색부터 보라색에 이르는 빛의 띠가 나타난다. 이것이 **가시광선**이다(그림 2-1).

물리학에서 파동을 다룰 때 이웃한 두 마루 사이의 간격을 **파장**이라고 하는데, 파장이 380~780nm[1]인 전자기파가 바로 가시광선이다. 그중에서도 파장이 짧은 빛은 보라색으로 보이고 긴 빛은 빨간색으로 보인다.

그림 2-1 **프리즘과 가시광선**

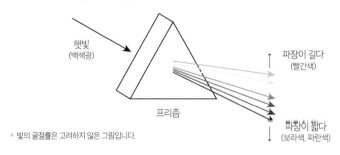

* 빛의 굴절률은 고려하지 않은 그림입니다.

1 나노미터라고 읽으며, 1m의 10억 분의 1을 나타내는 단위다.

그림 2-2   전자기파의 스펙트럼

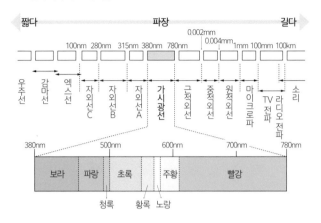

빛은 나른 말로 전자기파라고도 하는데 전파, 적외선, 자외선 등두 전자기파의 일종이다. 전자기파 중에서 인간의 눈으로 보이는 것이 가시광선이다. 가시광선의 빨간색 바깥 영역에는 그보다 파장이 긴 **적외선**이 있으며, 보라색의 바깥쪽에는 그보다 파장이 짧은 **자외선**이 있다(그림 2-2).

적외선의 작용

적외선은 열선이라고도 하는데 물질을 따뜻하게 데우는 성질이 있어서 인체에 닿으면 피부로 흡수되어 온도를 올려준다. 적외선은 파장이 짧은 순으로 근적외선[2], 중적외선, 원적외선[3]으로 나눌 수 있다.

---

2   근적외선은 피부 표면에서 수 mm 깊이까지 침투한다.

3   "원적외선은 몸속 깊은 곳까지 침투하므로 내부부터 따뜻해진다"라는 말이 있지만, 사실이 아니다. 실제로는 피부 표면부터 약 0.2mm 깊이에서 거의 다 흡수되어 열로 변해버린다.

적외선이 물체를 가열하는 성질을 이용한 적외선 난로와 적외선 조리기구 같은 제품이 있지만, 그런 물건만 적외선을 낼 수 있는 것은 아니다. 실은 우리 주변에 있는 **모든 물체가 적외선을 내고 있다**. 물론 인체도 마찬가지다. 사람 몸의 각 부분을 온도에 따라 다양한 색으로 표시해주는 열화상 카메라가 바로 적외선을 이용한 장치다. 비행기와 인공위성 등으로 지표와 해면의 온도 분포를 조사할 때도 적외선을 사용한다.

자외선의 작용

자외선은 다른 말로 화학선이라고도 하는데, 물질을 변화시키는 성질이 있어 몸에 닿으면 피부가 탄다.

자외선은 화학변화를 일으키며 살균 작용도 한다. 햇볕을 쬐면 피부가 타는 이유는 바로 자외선 때문이다.

피부가 자외선을 쬐면 손상을 받아서 염증이 일어나 빨갛게 부어오른다. 손상되어 죽은 피부는 얼마 후 벗겨진다. 그뿐만 아니라 피부 염증에 의해 색소 세포인 멜라닌 세포가 자극을 받아 멜라닌 색소를 만든다. 이 멜라닌 색소가 증가하면 피부가 검어진다. 멜라닌 색소는 자외선을 잘 흡수하므로 자외선이 피부에 주는 손상을 막아준다.[4]

---

4 자외선은 몸에 이로운 면과 해로운 면이 둘 다 있다. 피부를 태우고 피부 노화를 촉진하며 피부암을 일으키지만, 한편으로는 몸속에서 비타민D를 합성하게 만들기도 한다. 비타민D는 칼슘 흡수를 촉진하여 뼈를 튼튼하게 만든다.

그림 2-3　　자외선의 종류와 강도

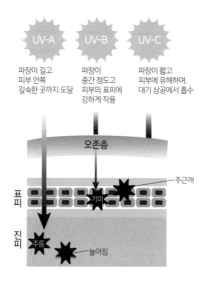

자외선은 생물에게 주는 영향에 따라 크게 A, B, C로 나눌 수 있다(그림 2-3). 파장이 짧은 순으로 나열하면 C, B, A가 되는데, 이는 영향력이 강한 순이기도 하다.[5] 빛은 파장이 짧을수록 보유하는 에너지가 크기 때문이다.

오존층 덕분에 생물은 육지로 진출했다

46억 년 전에 지구가 탄생했을 당시에는 원시 대기 중에 산소 분자(O_2)가 거의 없었다. 대기 중에 산소 분자를 공급해준 것은 25~30억 년 전에 바닷속에서 탄생한 남세균이었다. 이들이 광합성을 하면서

5　자외선B(280~315nm)는 원래 오존층에서 흡수되어 지상에는 거의 도달하지 않는다. 자외선C(100~280nm)는 40km 이상의 상공에서 대기에 흡수되므로 지상에는 전혀 도달하지 않는다.

그림 2-4   지상에 도달하는 햇빛

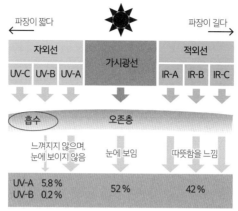

지상에 도달하는 햇빛의 비율

대기 중에 산소가 늘어나기 시작했다. 이윽고 산소가 성층권까지 이르자 태양에서 나오는 자외선을 쬐어 오존(O$_3$)층이 만들어졌다. 오존층은 남세균이 탄생한 후 30억 년에 걸쳐서 만들어졌으며, 생물에게 유해한 작용을 하는 자외선 대부분을 흡수해준다.

대략 4억 년 전에는 오존층 덕분에 자외선B가 대부분 차단되었기에 척추동물과 식물이 육지로 진출할 수 있었다(그림 2-4).

03

어째서 노안, 근시, 원시가 되는 걸까?

눈알에서 빛을 굴절시키는 렌즈의 역할은 각막이 3분의 2 정도를 담당하고, 나머지를 수정체가
담당한다. 수정체는 빛을 굴절시킬 뿐만 아니라 초점 조절을 하는 기능도 한다.

사람의 눈과 카메라의 렌즈

외부에서 들어온 빛이 망막에서 초점을 맺고 그 정보가 시신경을 따
라 뇌로 전해져야 우리는 사물을 '보았다'고 인식한다. 눈알의 구조
를 설명할 때 카메라와 비슷하다는 말을 많이 한다(그림 3-1). 거울로
자신의 눈을 들여다봤을 때 검은 눈동자의 테두리에서 중심을 향해
수축하는 동그란 부분이 홍채로, 카메라로 치면 빛의 양을 조절하는

그림 3-1   눈과 카메라의 차이

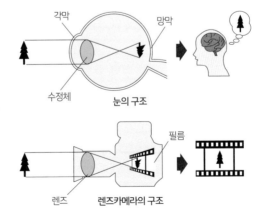

조리개에 해당한다. 카메라 렌즈에 해당하는 부분이 눈알의 가장 바깥쪽에 있는 **각막**과 그 아래에 있는 **수정체**다. 각막의 굴절력은 수정체의 약 2배다. 상이 비치는 필름에 해당하는 부분은 눈알 안쪽에 있는 **망막**이다.

수정체 초점 맞추기

수정체는 각막과 망막 사이에 있는 두께가 4mm, 지름이 8mm 정도 되는 캡슐 형태의 기관이다. 〈그림 3-2〉처럼 수정체는 가장자리에 붙어 있는 섬모체근이라는 근육에 의해 두께가 변한다. 먼 곳을 볼 때는 얇아지고 가까운 곳을 볼 때는 두꺼워진다. 즉 카메라 렌즈와는 다른 방식으로 초점을 조절하여 망막에 상이 맺히도록 하고 있다.

우리는 물속에서 사물을 잘 보지 못한다. 각막과 물의 굴절력이 거의 비슷해, 물속에서는 각막이 빛을 굴절시키기가 어렵기 때문이다. 그래서 물속에서는 수정체의 굴절력에만 의존해야 하다 보니 사람의 눈으로는 사물이 잘 보이지 않는 것이다.

그림 3-2   **섬모체근에 의한 초점 조절**

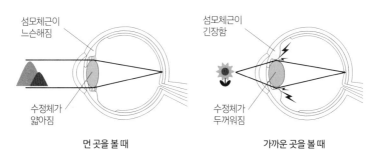

먼 곳을 볼 때   가까운 곳을 볼 때

반면 물고기는 물속 환경에 적응한 수정체를 가지고 있다. 눈의 구조는 사람과 아주 비슷하지만, 수정체가 공처럼 생겼다는 점이 다르다. 그래서 빛을 굴절시키는 기능이 사람보다 훨씬 커서 물속에서도 망막에 제대로 상이 맺히는 것이다.

또한 물고기의 수정체는 항상 구형이라서 사람의 수정체처럼 두께가 변하지 않는다. 대신에 수정체의 위치를 앞뒤로 움직임으로써 초점을 조절한다.

수정체 노화 현상, 노안

수정체는 캡슐 형태의 기관이므로 세포와 단백질이 밖으로 나가지 못한다. 하지만 수정체의 세포는 분열을 되풀이하여 계속 늘어나고 오래될수록 중심부로 밀려들어 간다. 그러다 보면 수정체의 유연성이 점점 떨어져서 초점 조절이 어려워지는데, 이것이 노안의 주된 원인이다. 즉 노안은 나이가 들면서 수정체의 초점 조절이 어려워지는 일종의 노화현상이므로, 늦든 빠르든 누구나 노안이 될 가능성이 있다.

그러므로 "근시인 사람은 노안이 잘 안 온다", "시력이 좋은 사람은 노안이 되기 쉽다" 같은 말은 오해임을 알 수 있다.

백내장이 나으면 하늘의 푸름에 감동한다

나이가 들면 수정체는 점점 노란색이 드는데, 여기서 극단적으로 수정체가 혼탁해지면 이를 **백내장**이라고 한다. 최근에는 진행이 빠른 약년성 백내장 환자가 늘어나고 있다. 백내장 치료 방법 중에는 혼탁해진 수정체를 초음파로 부숴서 제거하고 인공 렌즈로 교체하는 수술이 있다.

수정체가 노랗게 변하면서 흐려진다는 말은, 즉 보색인 파란색이 망막에 도달하기 어려워진다는 뜻이다. 그래서 백내장 때문에 렌즈 교환 수술을 받은 사람은 하늘이 파란 것을 보고 감동한다고 한다. 만약 요즘 하늘이 푸르게 보이지 않는다면, 어쩌면 대기오염 때문이 아니라 당신의 수정체에 원인이 있을지도 모른다.

근시와 원시의 교정

근시란 눈의 각막과 망막 사이의 거리(안축)가 늘어나거나, 혹은 수정체가 굴절 이상을 일으킨 결과 초점이 망막보다 앞에서 맺히는 상태를 말한다. 가까이 있는 것은 잘 보이지만, 멀리 있는 것은 초점이 맞지 않아서 흐릿하게 보인다. 멀리 있는 것을 보려면 수정체 두께를 조절하는 데 힘이 많이 들어가는데, 그 결과 섬모체근이 혹사당하여 눈에 피로가 쌓여서 근시가 더 심해지고 마는 것이다.

그래서 근시는 오목렌즈 안경으로 교정한다. 오목렌즈를 이용하여

그림 3-3   근시와 원시일 때 빛의 굴절

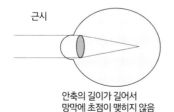

근시

안축의 길이가 길어서
망막에 초점이 맞히지 않음

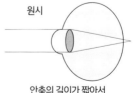

원시

안축의 길이가 짧아서
망막에 초점이 맞히지 않음

빛을 바깥으로 굴절시키면, 초점거리가 길어지므로 초점이 망막에 잘 맺히게 된다.

반면에 **원시**는 안축이 짧아서 초점이 망막보다 뒤쪽에서 맺히는 상태다. 가까운 곳이나 먼 곳이나 초점이 잘 맞지 않아서 어디를 봐도 섬모체근을 혹사하고 만다. 원시를 교정할 때는 볼록렌즈를 사용한다. 볼록렌즈는 빛을 안쪽으로 굴절시키므로 초점거리를 짧게 만들 수 있다(그림 3-3).

신기루는 어떨 때 보일까?

여름에는 땅거울과 신기루가 생기기 쉽다. 실제로는 그곳에 없는 사물이 보이는 신기한 현상인데, 어째서 생기는 것일까?

달아나는 물웅덩이

뜨거운 햇볕이 내리쬐는 여름에 차를 타고 아스팔트 길을 달리다 보면 전방에 '반짝반짝 빛나는 물'이 보일 때가 있다. 그런데 막상 다가가면 사라져 버린다. 이는 **땅거울**이라고 하는 자연 현상으로, 반짝거려 보였던 것은 물이 아니라 하늘이다. 하늘에서 내려온 빛이 지면 가까이에서 굴절하여 마치 땅바닥에서 나온 빛처럼 보이기에 우리는 이를 '물'이라고 착각하는 것이다.

우리는 빛을 느낌으로써 무언가를 '볼' 수 있다. 보통 빛은 똑바로 나아가기에 우리는 빛의 연장선상에 사물이 있으리라 생각한다. 그런데 사실 빛은 굴절하기도 하며, 그럴 때 우리는 착각에 빠진다.

이렇게 열기와 냉기 때문에 빛이 굴절하여 공중이나 지평선 근처에 멀리 있는 풍경이 보이는 현상을 **신기루**라고 한다.

아래 신기루

땅거울처럼 실제보다 아래에서 사물이 보이는 현상을 **아래 신기루**라

그림 4-1   아래 신기루

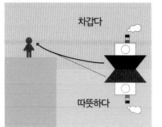

고 한다. 바다나 호수의 따뜻한 수면 위에 차가운 공기가 들어오면 생길 때가 많다(그림 4-1).

빌노가 낮은 공기층 위에 빌노가 높은 공기층이 있다고 생각해보자. 빛은 높은 밀도 층에서 낮은 밀도 층을 향해 굴절하며 아래로 볼록한 커브를 그린다. 그러면 위에서 아래로 나아가던 빛이 위쪽으로 굴절한 결과, 왼쪽에 있는 사람의 눈에는 대상물보다 아래에서 빛이 나온 것처럼 보인다.[1]

노을이 질 때 태양이 이상하게 보이는 현상도 똑같은 원리인데, 진짜 태양 아래에 신기루 태양이 이어져서 오메가(Ω) 모양으로 보일 때가 있다.

위 신기루

이번에는 바다나 호수가 몹시 차가워서 그 위에 있는 공기층의 밀도

---

1   빛이 아래에서 왔다고 착각하기에, 실물보다 아래에 물체나 하늘이 있는 것처럼 보인다.

그림 4-2 위 신기루

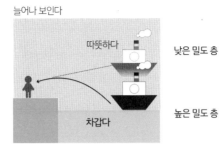

가 높으며, 그보다 더 위에 따뜻한 공기가 들어온 상황을 생각해보
자(그림 4-2).

　아래에서 위로 나아가던 빛은 높은 밀도 층에서 낮은 밀도 층으로
들어갈 때 아래로 굴절하여 위로 볼록한 커브를 그린다. 이 빛을 왼
쪽에 있는 사람이 보면 대상물보다 위에서 빛이 나온 것처럼 보인다.[2]

　그보다 더 위에서 사물이 위아래로 뒤집혀 보일 때도 있다. 이때
실제 사물은 작고 잘 안 보일 때가 많다 보니, 무엇을 보고 있는지 알
기 어려워 무척 기묘한 느낌이 든다. 두 층의 경계는 10m 정도 높이
일 때가 많다.[3]

수평 방향 신기루

앞에서 소개한 아래 신기루와 위 신기루는 지면에 대해 평행하게 쌓

2　빛이 위에서 왔다고 착각하기에, 실물보다 위에 사물이 있는 것처럼 보인다.
3　이러한 현상은 기상 조건에 더하여 10~30km 너머에 기준이 될 만한 알기 쉬운 건축물(다리,
　공장 등)도 있어야 볼 수 있다.

인 공기층이 일으키는 굴절 현상이었다.

그런데 지면에 대해 수직으로 늘어선 밀도가 다른 여러 공기덩어리가 일으키는 신기루도 있다. 유명한 사례로는 일본 규슈의 아리아케해에서 일어나는 시라누이라는 현상이 있다. 도깨비불처럼 보이는 시라누이는 서쪽 바다에 나타난다. 실제 광원은 북서쪽에 있는 항구의 밝은 부분이지만, 빛의 굴절 때문에 보는 사람 눈에는 왼쪽의 어두운 남서쪽 바다에서 불빛이 흔들리고 있는 것처럼 보이는 정말 신기한 신기루다.

05

지구는 왜 푸를까?

하늘이 낮에는 푸르다가 해 질 녘에 붉은 이유는 햇빛이 대기 분자와 대기 중의 먼지에 산란되기 때문이다. 대기가 없다면 하늘은 낮에도 어두울 것이며, 지구도 푸르게 보이지 않을 것이다.

하늘이 파랗게 보이는 이유, 레일리 산란

빛이 물체와 부딪쳐서 진행 방향이 바뀌어 사방으로 흩어지는 현상을 **빛의 산란**이라고 부른다. 특히 공기 중의 질소 분자와 산소 분자처럼 빛의 파장에 비해 충분히 작은 입자 때문에 생기는 산란을 **레일리 산란**이라고 한다.[1] 하늘이 푸른 이유는 대기 중의 질소 분자와 산소 분자, 그리고 이들 분자 집단의 흔들림 때문에 레일리 산란이 일어나기 때문이다.

빛은 파장이 짧을수록 산란되기 쉬우므로, 파란색과 보라색 빛일수록 사방팔방으로 흩어지기 쉽다(그림 5-1). 산란된 빛은 그 주변에 있는 분자 등에 의해 거듭 산란되어(다중 산란) 하늘 가득히 퍼져나간다. 하늘을 올려다보면 산란된 빛의 일부가 우리 눈으로 들어오는데, 그래서 보라색과 파란색 빛이 많이 보이는 것이다.[2]

---

1 하늘이 파란 이유를 설명하는 이론을 연구한 영국 존 레일리 경의 이름에서 유래했다.
2 파장이 긴 빛은 산란되기 힘들기에, 대기 중으로 퍼져나가는 양이 파장이 짧은 빛보다 훨씬 적다.

그림 5-1   빛의 파장과 산란

파장이 짧은 빛
• 입자와 부딪치기 쉽다
• 산란되기 쉽다

파장이 긴 빛
• 입자와 부딪치기 어렵다
• 산란되기 어렵다

지구가 '푸른' 이유

우리 눈 속에서 색을 구별하는 시각 세포인 원뿔세포는 빨강, 초록, 파랑을 특히 잘 느낀다. 이를 **빛의 삼원색**이라고 한다. 원뿔세포는 파란색을 잘 느끼기에 보라색이 아니라 파란색으로 보이는 것이다. 산란된 빛의 절반은 지표면으로 향하며, 나머지 절반은 우주 공간으로 나간다. 그래서 우주에서 지구를 보면 푸르게 보이는 것이다.

　반면 달에는 대기가 없어 햇빛이 산란되지 않는다. 그래서 달에서는 낮이나 밤이나 하늘은 어둡게 보이며, 어둠 속에서 태양과 별이 보인다. 물론 태양을 직접 보면 이글거리며 빛나고 있다.

왜 아침노을과 저녁노을은 빨갛게 보일까?

동이 틀 때와 해가 질 때는 태양이 지평선 근처에 있기에 햇빛이 대기를 통과하는 거리가 멀다. 빛이 대기를 오래 통과하면 보라색과 파란색 빛은 다 산란되어 버리며, 마지막까지 산란되지 않고 남은 빛만이 우리 눈에 도달한다. 산란되기 힘든 빛은 파장이 긴 빨간색과 주황색 빛이라서 태양과 주변 하늘이 붉게 보인다. 이것이 해가 뜨고 질 때 붉게 보이는 이유다(그림 5-2).

그림 5-2   아침노을과 저녁노을

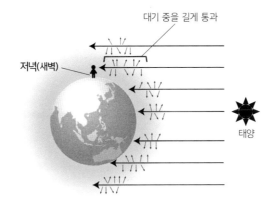

구름이 하얗게 보이는 이유, 미 산란

구름의 정체는 작은 물방울과 얼음 방울이 모인 것이다. 구름을 이루는 작은 물방울을 구름방울이라고 하는데, 구름방울 하나는 수백조 개의 물 분자로 이루어져 있다. 이들은 위로 오르는 공기의 흐름(상승기류)에 의해 하늘에 떠 있는 것이다.

구름방울의 크기는 구름의 종류와 구름이 생긴 장소에 따라 다르지만, 지름이 0.005~0.1mm 정도이며 그중에서도 0.02mm인 것이 많다. 가시광선의 파장은 0.0038~0.0078mm 정도이므로, 이보다 구름방울의 크기가 더 크다.

구름방울과 빛이 만나면 **미 산란**이 일어나는데, 이때는 모든 파장의 빛이 똑같이 산란된다. 모든 파장의 빛이 거의 균등하게 눈에 들어오기 때문에 하얗게 보이는 것이다. 적란운처럼 두꺼운 구름은 빛을 흡수하기에 아래에서 보면 어둡게 보이지만, 위나 옆에서 보면 하얗게 보인다. 그래서 지상에서는 어둡게 보이는 비구름도 비행기를 타고 구름 위로 올라가면 하얗게 보인다.

물이 물색인 이유는 빛의 흡수 때문이다

"바다가 파란 이유는 하늘이 파란 이유와 같다"라는 말이 있는데, 잘못된 설명이다. 물이 파란 이유는 물 분자가 빨간색 계통의 빛을 흡수하기 때문이다. 컵 속에 든 물 정도로는 이를 느끼기 힘들겠지만, 3m 깊이의 물이라면 빛의 투과율은 44% 정도이고 나머지는 흡수해버린다.

빨간색이 흡수되면 남은 색은 보색 관계인 파란색이다. 이 남은 빛이 물속의 물질(먼지와 플랑크톤 등)에 산란되어 우리 눈으로 들어온다. 즉 바다가 파랗게 보이는 이유란 기본적으로는 **빨간색이 흡수되어 파란색만 남은 빛이 물속에 있는 물질에 산란되어 눈에 도달하기 때문이다**(그림 5-3).

그림 5-3　바다가 파란 이유

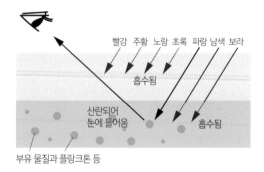

빨강 주황 노랑 초록　파랑 남색 보라

흡수됨

산란되어
눈에 들어옴　　흡수됨

부유 물질과 플랑크톤 등

또한 바다의 색은 바닷속 각종 부유 물질과 플랑크톤 등의 영향을 받는다. 예를 들어 일본 남안에 구로시오 해류가 흐르는 곳은 플랑크톤이 별로 없고 수심이 깊다 보니, 빛이 깊은 곳까지 들어가서 대부분 흡수되어 거의 돌아오지 않는다. 그래서 구로시오 해류는 어둡게 보인다.

반면 식물플랑크톤과 부유 물질이 많으면 초록색으로 보인다. 붉은색 색소를 지닌 플랑크톤이 이상 번식하여 수가 매우 늘어나면, 바닷물이 붉게 물들어 보이는 적조 현상이 일어난다.

해면에서 반사된 빛도 바다의 색에 영향을 준다. 해면에는 하늘의 색이 비치므로 맑게 갠 날에는 파란색, 흐린 날에는 회색, 저녁놀이 질 때는 고운 주황색이 된다.

어디서 관찰하는가도 중요하다. 위에서 똑바로 내려다볼 때는 물속에서 나온 빛이 색을 결정하며, 멀리서 바다를 바라볼 때는 반사된 빛이 색을 결정한다고 볼 수 있다.

06

무지개를 바로 아래에서 올려다보면 어떻게 보일까?

비가 그친 뒤에 나타나는 무지개는 보통 하나지만, 바깥쪽에 무지개가 하나 더 생길 때도 있다.
이를 '이차 무지개'라고 하는데, 운이 좋아야 볼 수 있다.

무지개는 어떨 때 생길까?

비가 그치고 갑자기 맑아졌을 때 태양을 등지고 하늘을 올려다보면
아름다운 무지개가 보일 때가 있다. 무지개가 생기려면 어획 비가 내
리는 곳이 있어서 대기 중에 미세한 빗방울(물방울)이 있어야 하며,
태양에서 내리쬐는 빛도 있어야 한다. 조건만 만족하면 비가 오지 않
아도 무지개를 볼 수 있는데, 이를테면 맑게 갠 날에 물을 뿌리면 된
다. 그 밖에도 공원 분수나 폭포 주변에서 보일 때도 있다.

물방울이 햇빛을 나눈다

햇빛 속에는 다양한 색이 포함되어 있다. 이를 최초로 유리 프리즘을
이용해 증명한 사람이 아이작 뉴턴이다. 공기 중에서 햇빛이 유리나
물과 같은 물질로 들어갈 때, 경계면에서 빛의 진행 방향이 조금 꺾
인다. 이를 **굴절**이라고 한다. 빛이 꺾이는 정도(굴절률)는 빛의 색에 따
라 다르다.

〈그림 6-1〉처럼 슬릿으로 햇빛의 양을 조절하여 빛이 지나는 길을

그림 6-1   삼각 프리즘으로 햇빛 나누기

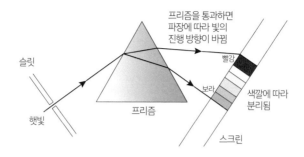

명확하게 만든 다음, 유리로 된 삼각 프리즘을 통과시켜보자. 그러면 유리 속으로 들어갈 때와 나갈 때 두 번 굴절하여 스크린에 무지개처럼 빛이 나뉘어 보인다.[1]

빨간색 빛은 파장이 길어서 덜 꺾이며, 보라색 빛은 파장이 짧아서 꺾이기 쉽다. 무지개는 수많은 작고 동그란 물방울이 햇빛을 반사하고 굴절시켜 여러 색깔로 나눔으로써, 아름다운 빛의 아치를 만들어낸다.

무지개의 종류와 보는 방법

하늘에서 보통 보이는 무지개를 **일차 무지개**라고 한다. 가장 바깥쪽에 빨간색이 있고 안쪽을 향해 빨·주·노·초·파·남·보 순으로 되어 있다. 다시 말해 파장이 긴 순으로 색이 늘어서 있다.

---

1   햇빛처럼 다양한 색이 섞인 빛은 우리 눈에는 무색으로 보이며, 이를 백색광이라고 부른다. 뉴턴은 프리즘으로 나눈 빛을 렌즈로 모으면 다시 백색광으로 돌아간다는 사실도 실험을 통해 확인했다.

그림 6-2   무지개가 보이는 각도

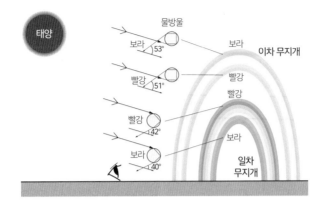

그런데 일차 무지개 바깥쪽에 하나 더 넓은 무지개가 보일 때가 있다. 바로 **이차 무지개**이다. 일차 무지개와는 반대로 보라색이 바깥쪽에 있고 빨간색이 안쪽에 있다. 또 일차 무지개는 밝고 선명하게 보이지만, 이차 무지개는 아주 옅어서 설사 보인다 해도 상당히 찾기 힘들다.

무지개를 찾을 때는 먼저 태양을 등지고 자신의 그림자를 바라봐야 한다. 그리고 그림자 머리 위의 하늘을 올려다보면, 물방울을 통과한 햇빛이 만들어낸 무지개가 보인다. 하늘에 떠 있는 수많은 물방울 중 관찰자를 기준으로 상하좌우 42도 각도에 있는 빗방울에서는 빨간색 빛이 보이며, 40도에 있는 빗방울에서는 보라색 빛이 보인다. 관찰자의 눈에는 이들이 아치 모양으로 늘어선 빛의 띠처럼 보인다. 관찰자의 눈이 있는 위치가 커다란 원뿔의 꼭짓점이라고 상상해보자. 관찰자에게는 이 원뿔의 옆면에 존재하는 물방울에서 나온 빛이

보이기 때문에 무지개는 원둘레의 일부로 보인다.[2]

　무지개를 바로 아래에서 보면 어떻게 생겼을지 궁금할 것이다. 그러나 무지개를 향해 다가가면 관찰자의 위치가 달라져 물방울에서 나오는 빛이 눈에 들어오지 않게 되므로, 결국 무지개가 보이지 않게 된다.

작은 빗방울 속에서 일어나는 일

빛이 물방울 속에서 나아가는 경로에 따라 무지개가 생기는 범위가 달라진다. 우리가 보통 볼 수 있는 일차 무지개는 물방울 속에서 한 번 반사하고 두 번 굴절한 햇빛이 만들어내는 것이다. 이차 무지개는 두 번 반사하고 두 번 굴절한 빛이다. 빛이 반사할 때 일부분은 투과하여 밖으로 나가버리므로, 반사 횟수가 늘어날수록 빛은 약해진다. 그래서 이차 무지개는 일차 무지개보다 옅게 보인다. 또한 물방울에서 나오는 빛의 순서가 다르기에 일차 무지개에서는 빨간색이 바깥쪽에 있지만, 이차 무지개에서는 안쪽에 있다.

2　이차 무지개의 빨간색은 51도 각도의 물방울에서 나오며, 보라색은 53도의 물방울에서 나온다. 따라서 이차 무지개는 일차 무지개보다 10도 정도 바깥쪽에 만들어진다.

07

번개, 양전하와 음전하가 중화되는 현상이라고?

번개는 화재를 일으키고 각종 전자기기와 컴퓨터에 악영향을 미치며 자칫하면 사람의 목숨을 빼앗기도 한다.

적란운 안에는 양전하와 음전하의 층이 있다

여름날 오후에 갑자기 하늘이 어두워지고 한 줄기 차가운 바람과 함께 천둥 번개가 치며 소나기가 내리다가 30분 정도면 그칠 때가 있다. 이러한 기상 변화는 쌘비구름이나 뇌운이라고도 불리는 적란운 때문에 생기는 현상이다.

적란운 안에는 강한 상승기류, 다시 말해 위를 향해 올라가는 공기의 흐름이 있다. 그 속도는 초속 15m(바람을 거스르며 걷기 힘든 정도)를 넘을 때도 있다. 상승기류로 위로 올라갈수록 온도가 떨어지고 증기가 응결하여 물방울과 빙정이 되며, 빙정이 서로 달라붙어서 커지면 우박이 된다. 빙정이란 대기 중에서 만들어지는 미세한 얼음 결정으로, 크기는 약 0.5mm 이하다.

원래 빙정과 우박 등의 얼음은 전기적으로 중성이지만, 적란운이 발달하면서 전기적으로 분리되어 양전하와 음전하를 띠게 된다. 번개가 칠 정도로 적란운이 발달하면 구름 속은 상층이 양으로 대전되고, 하층이 음으로 대전된다.[1]

번개는 양전하와 음전하의 중화 현상이다

번개는 크게 **운간 방전**과 **벼락**(낙뢰)으로 나눌 수 있다. 번개 중 9할은 운간 방전이고, 나머지 1할이 벼락이라고 한다.[2] 둘 다 **양전하와 음전하가 만나서 전기적으로 중화되는 현상**이다.

구름 안에서는 먼저 중층의 음전하가 하층의 양전하 쪽으로 이동하여 내부적으로 전기적인 중화가 시작된다. 또한 구름에서 맑은 하늘로 향하는 방전도 있다.

벼락은 적란운 안에 쌓인 전하가 구름과 땅 사이에서 일어나는 방전을 통해 중화되는 현상이다. 벼락은 길이가 수 km에 이르며, 시간으로 따지면 약 0.5초 동안 일어나는 현상이다.

구름에서 시작하여 땅으로 향하는 방전이라면 당연히 아래 방향으로 나아간다. 이때 수없이 꺾이고 가지를 치면서 땅을 향해 뻗어나간다. 벼락은 구름 속의 양전하가 중화되는 **정극성 낙뢰**와 음전하가 중화되는 **부극성 낙뢰**로 나눌 수 있다(그림 7-1). 이는 방전이 구름 안에 있는 양전하에서 시작되느냐 음전하에서 시작되느냐의 차이다.[3]

반대로 땅에서 시작하는 방전이라면 위를 향해 나아가는데, 이는 번개 전체 중 1%도 되지 않는 희귀한 현상이다. 그래도 겨울철에 일본 서쪽 연안부의 풍력 발전 설비 등에서는 비교적 자주 발생하여

---

1 사실 적란운의 구조는 더 복잡해서 하층 중 일부 영역이 양으로 대전되어 있을 수도 있다.
2 그 밖에도 구름 꼭대기에서 아득히 높은 중간권이나 열권(전리층)까지 뻗어 나가는 방전 등이 관찰되었다.
3 겨울에는 정극성 낙뢰가 많고 여름에는 부극성 낙뢰가 많다. 여름에는 정극성 낙뢰의 비율이 10% 이하다.

그림 7-1   부극성 낙뢰

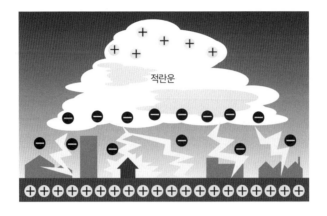

피해가 생기곤 한다. 이때 언제나 지표면에서 돌출된 물체의 끝에서 방전이 시작된다.[4]

번갯불과 천둥소리

번쩍 번갯불이 빛난 다음 천둥소리가 들릴 때까지의 시간을 이용하여 벼락이 떨어진 장소까지의 거리를 계산할 수 있다.

빛은 1초에 대략 30만km를 나아가므로, 수십km 떨어져 있다 하더라도 순식간에(거의 0초) 도달한다. 소리는 1초에 약 340m를 나아가므로 번갯불이 보인 후에 천둥이 칠 때까지 몇 초가 걸렸는지 세어 보면, '시간(초)×340m'라는 공식으로 번개가 친 곳까지의 거리를 계산할 수

----

4   적란운 아래에서는 높은 구조물과 건축물 상단에서 전기장이 가장 강하게 형성되므로, 상향식 방전은 대부분 고층 건물 꼭대기에서 시작된다.

그림 7-2 천둥소리가 들린 시간

있다. 예를 들어 천둥소리가 5초 후에 들렸다면 1.7km 정도이며, 30
초 후에 들렸다면 10km 정도다(그림 7-2).

한 번 벼락이 떨어지면 그곳에서 3~4km 떨어진 곳에 다음 벼락
이 떨어질 확률이 가장 높지만, 10km 이상 거리에서도 얼마든지 떨
어질 수 있다. 따라서 천둥소리가 들린다면 위험한 범위 내에 있다는
뜻이다.

08 통기타의 구멍과 공동은 어떤 기능을 할까?

기타와 바이올린 등의 현악기는 줄과 상자로 이루어져 있다. 이 상자가 없으면 기타 소리는 거의 들리지 않는다.

넓은 면적을 진동시키면 커다란 소리가 된다

공기의 진동이 고막으로 전해지면 우리는 이를 '소리'라고 인식한다. 이 공기의 진동은 넓은 면적으로 만들수록 더 큰 소리를 낼 수 있다. 커다란 북을 쳤을 때와 작은 고무줄을 튕겼을 때를 비교해보면, 당연히 북이 더 큰 소리를 낸다.

기타도 팽팽하게 당긴 줄을 튕겨서 소리를 낸다. 그런데 기타는 살짝만 쳐도 고무줄을 튕겼을 때와 비교할 수도 없을 만큼 큰 소리를 낸다.

전자 기타는 줄이 일으킨 진동을 전기 에너지로 증폭하여 큰 소리를 내지만, 통기타는 전기를 쓰지 않는다. 통기타에서는 기타에 달린 상자가 소리를 크게 만들어주기 때문이다.

통기타를 쳤을 때 떨리는 것은 기타줄만이 아니다. 줄의 진동이 전해져서 상자, 즉 몸통도 함께 떨린다. 몸통의 앞판, 옆판, 뒤판이 진동하면 상당히 넓은 면적에서 소리가 난다. 즉 우리가 '기타 소리'라고 인식하고 있는 것은 이 몸통이 떨리면서 나는 소리인 것이다.[1]

기타의 음색

기타줄은 몸통과 이어져 있다. 단순하게 생각하면 줄이 진동하려 해도 몸통 때문에 멈출 것 같은데, 실제로는 몸통까지 줄과 함께 진동한다. 왜 그러는 것일까?

책상을 두드렸을 때 나는 소리의 높낮이는 항상 같다. 이는 책상이 항상 똑같은 진동수로 떨리기 때문이다. 세상의 온갖 물질은 각각 잘 떨리는 횟수가 있는데, 이를 **고유진동수**라고 한다. 하나의 물체가 고유진동수를 하나만 가지고 있으리라는 법은 없다. 오히려 고유진동수를 여러 개 가지고 있는 물체도 많다. 그럴 때는 가장 작은 고유진동수를 기본 진동수라고 한다. 그 밖의 고유진동수는 기본 진동수의 정수배(2배, 3배, 4배…)가 되며, 각각의 정수배 진동수에서 나오는 소리를 배음, 3배음, 4배음 등으로 부른다. 책상을 두드리면 단조로운 소리가 나지만, 악기를 연주하면 무언가가 울리는 것 같은 음색이 나는 이유는 배음 때문이다.

어떤 물체로 진동이 전해졌을 때, 그 진동수가 물체의 고유진동수와 똑같으면 물체도 함께 떨리는 **공진**이라는 현상이 일어난다. 진자가 3개 있다고 생각해보자. 이 중에서 2개만 길이가 같은데, 이들을 A와 B라고 부르겠다. 이제 이 진자들을 하나의 실에 매달아 A만 흔들어 보면 길이가 다른 진자는 잘 흔들리지 않지만, B는 힘차게 흔들리기 시작한다. 이는 A와 B의 길이가 똑같아 고유진동수가 동일하기

---

1 그래서 연주 중에 몸통의 진동을 손으로 막아 소리를 멈추는 연주 기술을 사용하기도 한다.

때문이다. 이것이 바로 공진이다.[2]

기타의 구멍과 공동의 기능

통기타 몸통 안에서 발생한 소리는 구멍(사운드홀)을 통해 밖으로 나
가 주위에 크게 울려 퍼진다. 바이올린과 첼로에 나 있는 f자 모양 구
멍(f홀)도 똑같은 기능을 한다. 첼로는 바닥에 놓고 연주하므로 바닥
까지 떨리게 만들어 악기로 삼는다고 할 수 있다.

  기타 소리의 비밀이 하나 더 있다. 기타 몸통이 고유진동수를 지니
는 것처럼, 몸통 내부의 공동에도 고유진동수가 있다. 몸통이 떨리면
서 만들어내는 공기 신통의 진동수가 내부 공동이 지닌 고유 진동수
와 일치하면 공명이 발생하여 더 큰 소리가 난다.

그림 8-1   **소리를 지우는 노이즈캔슬링**

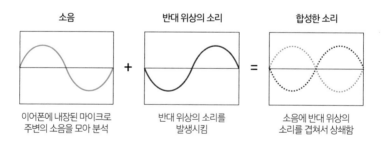

소음	반대 위상의 소리	합성한 소리
이어폰에 내장된 마이크로 주변의 소음을 모아 분석	반대 위상의 소리를 발생시킴	소음에 반대 위상의 소리를 겹쳐서 상쇄함

---

2 강한 지진이 일어났을 때 특정 건물만 심하게 흔들리는 것도 공진 현상이다. 그리고 소리와 관
   련된 공진은 '공명'이라고도 한다.

소리를 지우는 잡음 제거

공기의 진동, 다시 말해 짙은 공기와 옅은 공기의 반복으로 이루어진 소리는 다른 방향에서 온 공기와 부딪치면 서로 영향을 준다. 짙은 공기끼리, 옅은 공기끼리 부딪치면 소리가 더 커진다. 그런데 **짙은 공기와 옅은 공기가 부딪치면 농도 차가 상쇄되어 소리가 사라진다.** 이어폰 등에 쓰이는 잡음 제거(노이즈캔슬링) 기술이 이러한 원리를 활용한 것이다 (그림 8-1).

09

자기 목소리는 귀와 머리뼈 양쪽에서 들린다고?

소리란 물체가 일으키는 공기의 진동이다. 이 진동이 귓속을 통과해 달팽이관에 전해지면 소리가 들리는데, 사실 공기의 진동은 머리뼈와 턱뼈를 통해서도 전해질 수 있다.

난청인 베토벤은 어떻게 소리를 들었을까?

베토벤은 지병인 난청 때문에 말년에는 일상회화조차 힘들었다고 한다. 그런데도 그가 계속 작곡을 할 수 있었던 이유는, 지휘봉을 입에 물고 피아노에 갖다 대서 전해져오는 진동을 통해 '소리'를 들을 수 있었기 때문이라고 한다.

일반적으로 소리가 들리는 순서는 다음과 같다. 먼저 물체의 진동이 공기의 진동으로 바뀐다. 그리고 공기의 진동이 귓속의 고막을 진동시킨다. 마지막으로 고막에 전해진 진동이 달팽이관을 통해 뇌로 전달되어 소리가 들리는 것이다. 이런 식으로 들리는 소리를 **공기전도음**이라고 한다. 그런데 우리는 베토벤의 일화를 통해 '공기 → 고막 → 달팽이관 → 뇌'라는 공기전도음의 경로 외에도, 소리를 들을 수 있는 다른 방법이 있음을 알 수 있다.

난청이었던 베토벤은 진동을 '지휘봉 → 이빨 → 머리뼈 → 달팽이관 → 뇌'라는 순서로 전달하여 소리를 들었다. 이렇게 머리뼈와 턱뼈를 통해 소리를 듣는 방식을 **골전도(뼈전도)**라고 한다. 그리고

그림 9-1   공기의 진동과 뼈의 진동

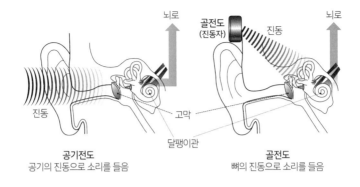

골전도를 통해 들리는 소리를 **골전도음**이라고 부른다(그림 9-1).

　일반인도 골전도음을 들을 수 있다. **귀(귓바퀴)와 고막은** 소리의 진동을 **달팽이관으로 전달하기 위한 기관일 뿐이다.** 소리의 진동이 머리뼈와 턱뼈를 통해 달팽이관에 직접 전달될 수 있다면, 고막을 통하지 않아도 소리를 들을 수 있다. 다만 소리로 전달되는 공기의 진동은 머리뼈와 턱뼈를 울릴 정도로 크지 않기 때문에, 평소에는 고막을 통하는 공기전도음을 주로 듣고 있는 것이다.

자신의 목소리를 녹음해서 들어보면 이상한 이유

자신의 목소리를 녹음해서 들어보면 평소와 다르게 기묘하게 느껴질 것이다. 이는 우리가 자신의 목소리를 항상 고막을 통한 진동(공기전도음)과 머리뼈와 턱뼈를 통한 진동(골전도음)이라는 2가지 방식으로 동시에 듣고 있기 때문이다. 반면 **녹음한 목소리는 고막으로 전해지는 진동(공기전도음)**만으로 들리기에 평소와 다르게 느껴질 수밖에 없다.

골전도를 응용하면 귀가 아니라 관자놀이 등에 쓴 헤드폰으로 뼈에 진동을 전달하여 소리를 들을 수 있다. 뼈를 통해 진동을 뇌로 전달하여 듣는 방식이므로, 주변 소리를 들으면서 헤드폰 소리도 함께 들을 수 있다. 골전도면 고막을 울리지 않고 귀를 막는 압박감도 없기에 오랜 시간 사용해도 귀가 심하게 피로하지 않다는 것도 큰 장점이다. 그래서 소방관처럼 귀를 막으면 위험한 상황에서 일하는 사람의 통신 수단으로 쓰이고 있다.

최근에는 관자놀이에 대는 것이 아니라 귀걸이처럼 귀에 다는 형태의 제품, 선글라스 안에 헤드폰이 내장된 제품 등도 개발되고 있다. 또한 기능성과 디자인을 추구한 골전도 보청기도 있다.

돌고래도 골전도로 소리를 듣는다

골전도의 원리를 생각해보면 소리는 고체에서 잘 전달됨을 알 수 있다. 예를 들어 긴 금속제 난간에 귀를 댄 상태에서 멀리 떨어진 곳에서 난간을 '똑똑' 두드리면 그 소리가 들려온다. 고체뿐만 아니라 액체 속에서도 소리는 잘 전해진다. 의외일지도 모르지만, **소리는 공기보다 물속에서 더 잘 전해진다.**

물속에서 생활하는 돌고래의 귀는 물이 들어가지 않게 거의 닫혀있다. 하지만 물속에서 전해지는 소리의 진동을 턱뼈를 통해 골전도로 들을 수 있기에 위험을 회피하고 동료와 의사소통할 수 있다.

10

악기 소리의 높낮이와 음색은 어떻게 정해지는 것일까?

관악기와 현악기는 파동의 물리적 성질에 의해 소리의 높낮이가 결정된다. 연주는 이를 제어하는 기술이다. 악기의 크기와 줄 두께도 악기 특유의 소리와 물리적인 관계가 있다.

소리의 3요소

소리는 공기의 진동(압력 변화)이 전달되는 파동으로, **음파**라고도 부른다. '높낮이', '세기', '음색'을 소리의 3요소라고 부른다. 높낮이는 음파의 진동수(1초 동안 진동하는 횟수)로 정해지며 헤르츠(Hz)로 나타낸다. 세기는 공기가 얼마나 강하게 진동하느냐를 뜻하며 압력의 진폭 등으로 표현한다. 음색은 뒤에서 자세히 설명하겠다.

파동의 기본적인 성질

파동은 〈그림 10-1〉처럼 **한 번 진동하는 동안 파장만큼 거리를 나아가는** 성질이 있다. '파장'이란 파동에서 반복되는 형태가 나타날 때까지 거리다. 한 번 진동하는 데 걸리는 시간이 '주기'이며, 이는 【파동의 속도＝파장÷주기】라고 나타낸다. 주기는 1초를 진동수로 나눈 시간이므로 【파동의 속도＝파장×진동수】라고도 쓸 수 있다.[1]

---

[1] 음파에 국한하면 파동의 속도는 음속 340m/s로 거의 일정하다. 이는 파장과 진동수의 곱이 일정하다는 뜻이므로, 파장과 진동수는 반비례 관계가 된다.

그림 10-1 **파동의 나아감**

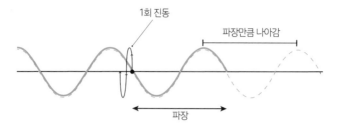

관악기의 원리

관악기는 이름 그대로 '관'으로 이루어져 있어 내부가 텅 비어 있다.[2] 관 내부의 공기를 '공기기둥'이라고 한다. 관을 불면 숨구멍에서 발생한 진동이 공기기둥 을 따라 전해지는 음파가 되어 관의 양 끝에서 반사되며, 관 내부를 왕복하는 과정에서 자기 자신과 겹쳐져 후술할 어떤 조건을 만족하는 파동을 강화한다. 이를 공명이라고 한다.

관악기는 양쪽 끝이 열린 **개관**(플루트, 리코더 등)과 한쪽 끝이 닫힌 **폐관**(클라리넷, 오보에 등)으로 나눌 수 있다. 〈그림 10-2〉처럼 공기기둥 길이를 L이라고 할 때, 닫힌 끝에서는 공기가 진동할 수 없으며 열린 끝에서는 크게 진동한다는 조건을 만족하여 공명을 일으킬 수 있는 가장 긴 파장은 개관에서는 2L이고 폐관에서는 4L이 된다. 이 파장에 대응하는 소리가 기본음이며, 음의 높낮이(기본 진동수)는【음속÷파장】으로 결정된다. L이 길면 파장이 길어져 진동수가 작아지는데, 대형 관악기는 대체로 낮은 소리를 낸다.

----

2 트럼펫과 호른은 돌돌 말려 있는 형태지만, 쭉 펴면 하나의 관이 된다.

그림 10-2　관악기가 내는 소리의 높낮이

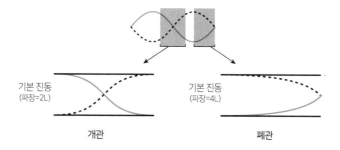

기본 진동
(파장=2L)

기본 진동
(파장=4L)

개관

폐관

　관악기는 실질적인 관의 길이 L을 변화시킴으로써 소리의 높낮이를 제어하여 연주한다. 예를 들어 리코더와 클라리넷은 구멍을 막고 열며, 트롬본은 슬라이드를 밀고 당기며, 트럼펫은 피스톤을 눌러 우회관을 바꾸며 관의 길이를 조절한다.

현악기의 원리

현악기는 팽팽하게 당긴 줄을 튕기거나 비벼서 진동을 일으켜 소리를 낸다. 줄을 따라 전해지는 파동의 속도는 줄의 장력과 무게로 결정된다. 예를 들어 장력이 강한 줄에서는 속도가 빨라지며, 두껍고 무거운 줄에서는 느려진다.

그림 10-3　현악기가 내는 소리의 높낮이

기본 진동
(파장=2L)

줄은 양 끝이 고정되어 있으므로 가장 긴 파장은 2L이며, 소리의 높낮이(기본 진동수)는
【(줄에서 전해지는 파동의 속도) ÷ 파장】으로 결정

길이가 L인 줄이 진동할 때 고정된 양 끝에서 반사되어 왕복하는 파동이 자기 자신과 겹쳐져 강해지려면, 파장이 2L의 정수 분의 1이 되어야 한다. 즉, 소리의 높낮이(기본 진동수)는 L에 의해 결정되며, 현악기도 일반적으로 크기가 클수록 낮은 소리를 낸다. 현악기는 연주 시 대체로 손가락으로 줄을 잡아 L을 변화시켜 소리의 높낮이를 제어하고, 줄의 장력을 조절해서 세세한 조율을 한다.

음색과 배음

관악기와 현악기 모두 기본 진동수의 정수배(폐관일 때는 홀수배) 진동수를 지니는 진동으로노 공명을 일으길 수 있디. 이에 대응하는 소리가 **배음**이다. 우리가 실제로 듣는 악기의 소리는 기본음에 수많은 배음이 혼합된 것으로, 배음이 섞이면서 그 악기 특유의 음색이 난다(그림 10-4). 똑같은 높낮이 소리라도 플루트와 바이올린 소리가 다른 것은 배음의 혼합 방식이 서로 다르기 때문이다.

그림 10-4 **배음과 혼합음**

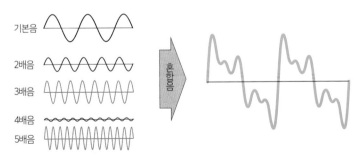

제 2 장

길거리와 우주에

넘쳐나는 물리

11

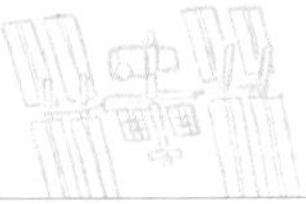

아치형 돌다리와 달걀이 똑같은 구조라고?

위를 향해 원호를 그리는 아치 모양은 다리와 터널 등의 건축물뿐만 아니라 달걀과 꼬마전구 등에서도 찾아볼 수 있다. 힘의 균형을 잘 이용한 단순하면서도 튼튼한 구조이다.

돌의 무게만으로 몇백 년을 버티는 돌다리

일본 나가사키시에 있는 메가네바시는 에도시대 초기에 건설되었으며, 일본의 현존하는 다리 중 가장 오래된 아치형 돌다리다. 이 다리는 접착제와 시멘트를 사용하지 않고 오직 석재의 무게만으로 구조를 지탱하고 있다. 원래라면 무거운 돌은 아래로 떨어져 버리지만, 아치형 구조라면 이웃한 돌이 서로를 밀치며 견고하게 형태를 유지할 수 있다. 위에 무거운 것을 올려도 무너지기는커녕 지지하는 힘이 강해져서 더 튼튼해진다. 아치형 돌다리의 역사는 아주 오래되어서 기원전 4000년경 메소포타미아 문명까지 거슬러 올라갈 수 있다.[1]

아치형 돌다리를 만드는 법

우선 아치를 지탱하기 위해 나무로 만든 토대(지보공)를 만들어 좌우 끝부분부터 아치돌을 쌓아 올린다. 단, 양 끝 아치돌에는 수평 방향

1 로마 시대의 수도교와 콜로세움 등의 건축물, 중세 유럽의 돔 건축에도 아치형 돌다리 기술이 쓰였다.

그림 11-1　아치형 돌다리의 건설 방법과 힘의 관계

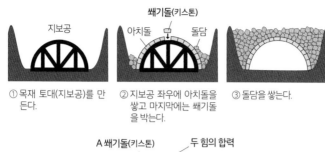

① 목재 토대(지보공)를 만
든다.

② 지보공 좌우에 아치돌을
쌓고 마지막에는 쐐기돌
을 박는다.

③ 돌담을 쌓는다.

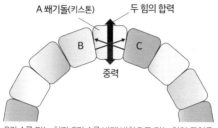

B가 A를 미는 힘과 C가 A를 반대 방향으로 미는 힘이 균형을
이루어 돌다리가 안정됨

으로도 힘이 작용하므로 움직이지 않도록 고정해야 한다. 그래서 아
치 양 끝을 고정하는 부분은 특별히 튼튼하게 만들거나 암반을 이용
하는 등의 방법을 쓴다. 마지막으로 중앙에 쐐기돌(키스톤)을 박아 넣
고 돌담을 쌓아 올리면 완성이다(그림 11-1).

쐐기돌의 기능

쐐기돌을 마지막에 박아 넣으면, **쐐기돌과 이웃한 두 돌이 미는 힘의 합력
이 중력과 평형을 이룬다.** 그래서 아치형 돌다리는 위에서 눌러도 무너
지지 않으며 튼튼하다. 만약 쐐기돌을 빼 버리면 힘의 평형이 깨져
다리가 무너지고 말 테니, 말 그대로 '쐐기가 되어주는 돌'인 셈이다.

달걀 껍데기가 쉽게 깨지지 않는 이유

날달걀은 두드리면 쉽게 깨진다고 생각하는 사람이 많겠지만, 실은 생각보다 튼튼한 편이다. 특히 길쭉한 방향이라면 $3\sim10\mathrm{kgw}^2$의 힘에도 견딜 수 있다. 매우 얇은데도 외부에서 가하는 힘에 강한 이유는, 달걀 껍데기가 아치 구조이기 때문이다. 껍데기 위에서 가한 힘은 분산되어 이웃한 껍데기를 미는 힘으로 작용한다. 분산된 힘도 절대 작지는 않지만, 아치형 돌다리처럼 달걀 껍데기를 양쪽에서 서로 미는 힘이 작용하므로 쉽게 깨지지 않는다(그림 11-2). 달걀 껍데기 등과 같이 입체적인 아치를 **셸 구조**라고 하며 교회 건물과 돔형 경기장, 댐 외벽 등에 쓰이고 있다.

이처럼 아치 구조는 위에서 아래로 누르는 힘에는 강하지만, 옆에서 끌어당기거나 아래서 위로 미는 힘에는 약하다. 쐐기돌은 물론이

그림 11-2　**달걀의 아치 구조**

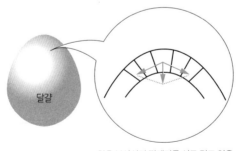

힘을 분산시켜 껍데기를 서로 밀고 있음

2　지구상에서 질량이 1kg인 물체에 작용하는 중력(무게)에 해당하는 힘을 1kgw(킬로그램힘)이라고 부른다. 1kgw는 약 10N(뉴턴)이다.

고 그 밖의 아치돌을 하나라도 빼 버리면 돌다리는 바로 무너지고 만다. 달걀 껍데기도 안쪽에서 미는 힘에 약하므로 병아리가 껍데기를 깨고 나올 수 있는 것이다.

12

물을 뿌리면 얼마나 시원해질까?

예로부터 더운 날에는 마당에 물을 뿌리면 시원해진다고 했다. 최근 일본에서는 열사병 방지 대책으로 물을 뿌리기도 한다.

물을 뿌리면 시원해지는 원리

더운 여름에 마당과 길에 물을 뿌리면, 물이 땅에 있는 열을 빼앗아 증발하면서 기온이 떨어진다(그림 12-1).

물 1L를 수증기로 만들려면 600kcal 정도의 에너지가 필요하다. 물이 5kg이면 3,000kcal다. 우리가 하루에 섭취해야 하는 에너지가 많아 봤자 3,000kcal 정도이다. 건강한 성인의 체중은 5kg보다 훨씬 무겁다는 점을 생각하면, 물이 수증기가 되면서 상당히 많은 양의

그림 12-1 **열의 이동에 의한 상태 변화**

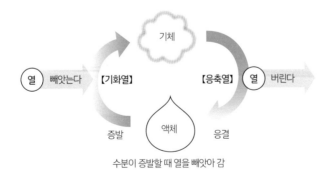

에너지를 빼앗아가는 셈이다. 똑같은 땅바닥이라도 물이 스며들기 쉬운 흙과 스며들기 어려운 아스팔트를 비교해보면, 흙의 온도가 5℃ 정도 더 낮다는 실험 결과도 있다.

아스팔트는 밤에도 계속 열을 낸다

요즘 일본에는 전국 각지에서 물을 뿌리는 행사가 많이 열린다. 이러한 행사를 하는 것은 도시 지역의 기온이 오르는 열섬 현상을 조금이라도 완화하기 위해서다. 열섬 현상이 일어나는 원인은 크게 2가지로 이야기할 수 있다.

하나는 아스팔트에 물이 스며들기 어렵다 보니, 물이 열을 흡수하는 효과를 기대하기 어렵기 때문이다. 또 하나는 아스팔트가 한 번 뜨거워지면 좀처럼 식지 않아서 밤에도 계속 높은 온도를 유지한다는 점이다. 이는 아스팔트의 비열, 다시 말해 온도를 변화시키는 데 필요한 에너지가 크기 때문이다.

모닥불이나 난로 등을 보면 온도가 높고 붉게 빛날 때는 주변도 함께 따뜻해진다. 이는 열이 전자기파가 되어 방출되는 **열복사**(열방사) 현상이 일어나기 때문이다.[1] 뜨거운 물질에서 전자기파가 많이 나올 때 이를 쬐면 우리는 따뜻하다고 느낀다(그림 12-2).

열복사가 있을 때와 없을 때를 비교해보면, 최대 9℃나 기온이 차

---

1 열복사는 차가운 물질에서도 일어나지만, 차가운 물질에서는 애초에 낼 수 있는 열이 많지 않아 가까이 다가가도 따뜻해지지 않는다.

그림 12-2　**열복사와 열전도와 열대류**

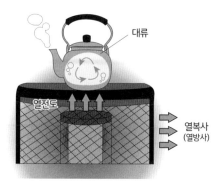

열복사 외에도 물질 속에서 열이 전해지는 열전도, 기체와 액체가 움직임으로써 열이 전해지는 열대류가 있다.

이가 난다는 데이터도 있다. 이러한 것을 보면 상당한 열당이라고 볼 수 있다. 땅바닥이 온통 아스팔트로 포장된 지역에서는 밤에도 뜨거운 아스팔트에서 열복사가 일어난다. 그래서 좀처럼 기온이 떨어지지 않는다.

물을 뿌리면 정말 효과가 있을까?

아스팔트가 뜨거운 것이 문제라면, 이를 식혀 버리면 열섬 현상을 해결할 수 있지 않을까?

　실제 과거 연구 결과를 보자. '물 뿌리기 대작전 2004'라는 이름으로 일본 도쿄도 스미다구에서 7일 동안 물을 뿌렸다. 그 결과 기온이 평균 0.69℃, 최대 1.93℃ 떨어졌음을 확인했다. 그리고 이러한 기온 저하는 평균 23분, 최대 56분 이어졌다고 한다. 이것만 보면 물을 뿌린 결과 확실히 기온이 떨어졌음을 알 수 있지만, 기온이 떨어진 정도는 커봤자 2℃이고 길어 봤자 1시간밖에 지속하지 않았다. 기온이 40℃인 무더운 날에 2℃가 떨어져 봤자 여전히 38℃다. 실제로는 이것으로 열사병을 예방하기는 어려우며, 온도가 시원하다고 느껴질 정도도 아니다.[2]

---

2 그러니 더운 날에는 무리하지 말고 에어컨을 튼 방 안에 있는 편이 좋다고 할 수 있다.

13

체지방계는 몸에 전류를 흘려서 측정한다고?

눈금식(아날로그) 체중계는 학교에서 배운 '용수철저울'을 이용한 기구지만, 전자체중계와 체지방계는 어떻게 체중과 체지방을 측정하는 것일까?

체중 측정과 훅의 법칙

아날로그 체중계에는 용수철과 지레가 들어가 있고 훅의 법칙을 이용하여 체중을 측정한다.[1] 훅의 법칙이란 '용수철 등의 탄성체에 힘을 가했을 때, 변형률은 힘에 비례한다'는 것이다. 이 법칙에 따르면 탄성체의 탄성이 유지되는 범위 내에서는 힘의 크기와 변형률이 대단히 정확하게 비례한다. 실제로 훅은 금속, 나무, 돌, 도자기, 털, 뿔, 명주, 뼈, 힘줄, 유리 등 어떤 물체에서도 비례관계가 성립함을 확인했다.

반면에 전자체중계는 용수철 대신 금속으로 만든 **기왜체**를 사용한다. 기왜체란 가한 힘에 비례하여 '변형이 일어나는 물체'다.

전자체중계는 금속의 저항을 측정한다

그럼 전자체중계는 어떤 식으로 체중을 측정하는 것일까? 사실 전자체중계를 분해해보면 내부 구조는 전혀 복잡하지 않다. 기본적으로

---

[1] 용수철처럼 힘을 주면 늘어나거나 줄어들거나 일그러지다가, 힘을 그만 주면 다시 원래대로 돌아오는 성질을 '탄성'이라고 한다.

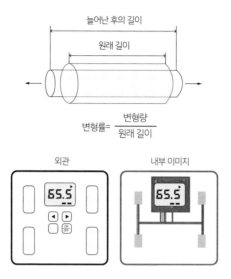

그림 13-1 　전자체중계의 측정법

네 군데에 힘 센서가 달려 있으며, 이들과 배선이 이어진 기판만이 존재하는 단순한 구조다.

힘 센서란 기왜체에 변형률 게이지를 붙인 것으로, 변형률 게이지에는 금속박이 붙어 있다. 이 금속박이 기왜체와 함께 미세하게 변형한 정도를 전기적으로 측정하고 있는 것이다(그림 13-1).

금속박이 변형한 정도는 '금속의 전기저항은 단면적에 반비례하며 길이에 비례한다'는 성질을 이용하여 측정한다. 금속이 늘어나면 단면적이 감소하고 길이가 증가하므로 저항이 커진다. 반대로 금속이 줄어들면 저항이 작아진다.

사람이 전자체중계 위에 올라가면 체중에 의해 기왜체와 금속박이 늘어난다. 그러면 금속박의 전류와 전압을 측정하여 저항을 구해 체중으로 변환하면 된다. 당연한 말이지만 체중계 위 어느 곳에 어떤 자세로 올라가 있든, 체중은 변하지 않는다.[2]

체중계 자체의 중량은 사용하기 전 초기 설정 단계에서 자동으로 보정된다. 또한 장소에 따라 중력의 크기가 다르므로, 초기 설정할 때 중력에 관한 지역 설정도 해줘야 한다.

몸에 전류를 흘려서 측정하기

체지방계는 전극이 닿는 발바닥을 통해 우리 몸에 미약한 전류를 흘려보내 전기저항의 변화를 구해 체지방을 측정한다. 우리 몸의 근육 조직과 지방 소식은 사각 서량이 다르다. 근육은 이온을 포함하는 수분 비율이 높아 전류가 흐르기 쉬워서 수분이 적은 지방보다 저항이 훨씬 작다. 이것이 전기로 체지방을 측정하는 원리다. 그러나 체지방률이 똑같아도 키가 큰 사람은 작은 사람보다 전류가 흐르는 경로가 길기 때문에 전압이 커진다. 그래서 체지방을 재기 전에 먼저 나이, 키, 성별을 입력하여 보정해줘야 한다.

체지방계는 지방에 미약한 전류를 흘리는데, 발바닥에 있는 두꺼운 피하지방은 전기저항이 상당히 높다. 만약 그곳에 제대로 전류를 흘려보내려면 인체에 위험한 수준의 강한 전기를 써야 한다. 그래서 발바닥 중에서도 피하지방층이 얇은 '발가락 끝'에 미약한 전류를

---

2 각각의 센서가 받는 힘은 변하지만, 역학적인 관계를 생각해보면 네 군데의 센서가 받는 힘의 총합은 언제나 체중과 장치 중량의 합과 같다. 체중계의 기판에서는 네 군데의 측정값을 더한 다음, 장치 중량을 빼서 체중을 구하는 처리를 한다.

흘려보내, 필요한 전압을 '뒤꿈치'에서 측정하여 전기저항을 계산한다. 그러한 이유로 체지방계의 전극은 좌우 발끝과 뒤꿈치에만 있다.

또한 전류를 흘리는 전극과 전압을 측정하는 전극을 각각 2개씩 총 4개로 나눔으로써 몸속을 지나며 변화한 저항값을 측정할 수 있다. 만약 전극이 2개밖에 없다면 전극에 닿은 피하지방의 접촉저항밖에 측정할 수 없을 것이다.[3]

---

3   타니타의 공식 유튜브에서 제공하는 '체지방률을 알 수 있는 원리'
(https://www.youtube.com/watch?v=0N98TNhAqNM) 참고

14

어떻게 물로 음식을 구울 수 있을까?

스팀오븐은 '물로 굽는' 조리 기구로, 가정용 제품은 2004년에 출시되었다. 그 이후로 과열 수증기를 이용하는 조리 기구가 많이 나오고 있다.

물의 상태 변화

우리 지구는 표면의 약 70%가 물로 뒤덮여 있으며, 이 중에서 98% 이상이 바닷물이다. 우수에서 바라본 시구는 물이 가득힌 '물의 행성'이다.

물은 우리가 생활하는 온도 범위에서 고체, 액체, 기체라는 3가지 상태를 보여준다(그림 14-1). 1기압에서 녹는점(어는점)은 0℃고 끓는점은 100℃다. 얼음을 가열하면 0℃에서 녹아 물이 되며, 100℃에서 끓어서 수증기가 된다. 0℃ 이하의 얼음이나 0℃·30℃·90℃의 물도 모두 표면에서는 일부가 수증기로 변하고 있다(반대로 수증기가 다시 물이 되기도 한다).

수증기를 계속 가열하면 어떻게 될까?

펄펄 끓는 물에서 나오는 수증기는 100℃인데, 이 수증기를 계속 가열하면 더 뜨거워진다. 예를 들어 구리 파이프를 코일 모양으로 감은 다음 내부에 수증기를 채워 넣고 버너로 가열하면 수증기는 200℃,

그림 14-1   물의 상태 변화

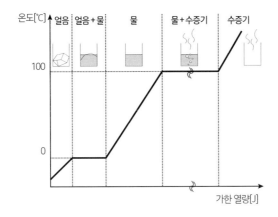

300℃를 넘는 고온이 된다. 이를 **과열 수증기**라고 하는데, 뜨겁고 마른 느낌이 나는 수증기라서 성냥에 불을 붙이거나 종이를 까맣게 그을릴 수도 있다. 수증기를 뿌렸는데도 물체가 젖는 것이 아니라 타버린다는 소리다.

그럼 만약 더 가열해서 수증기의 온도를 올리면 어떻게 될까?

물 분자(H_2O) 구조는 산소 원자(O) 양옆에 수소 원자(H)가 하나씩 결합한 형태로, 수소 원자와 산소 원자 사이에서 일어나는 진동도 열에너지의 일부다. 온도가 낮을 때는 무시할 수 있는 정도지만, 온도가 높아지면 진동이 매우 격해져서 수천℃ 정도가 되면 수소와 산소의 결합이 깨져 버린다. 이렇게 되면 그때는 '물'이 아니라 수소와 산소로 열분해한 상태가 된다.

더 온도가 올라서 태양의 표면 온두인 6,000℃ 정도가 되면, 산소 분자는 산소 원자가 되어버리고 7,000℃에서는 수소 분자도 수소 원자가 되어버린다. 만약 수만℃까지 온도가 오르면 그때는 원자도 깨져버린다. 원자핵과 전자로 나누어져 독립적으로 운동하기 시작하는데, 이를 플라스마라고 한다.[1]

스팀오븐은 과열 수증기로 조리한다

스팀오븐은 식품에 300℃가 넘는 과열 수증기를 뿌려서 조리한다(그림 14-2). 식품을 데운 과열 수증기는 식어서 액체 상태인 물로 돌아가 식품 표면에서 응결한다.

그러나 식품의 온도가 100℃를 넘으면 아무리 과열 수증기를 뿌려도 응결하지 않으며, 오히려 과열 수증기의 열로 식품에 포함된 수분을 기화시켜 버린다. 그래서 과열 수증기로 조리하면 젖지 않고 바싹

그림 14-2   스팀오븐의 원리

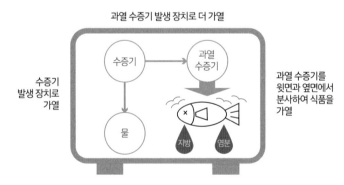

---

1   플라스마는 고체, 액체, 기체와 더불어 물질의 네 번째 상태라고 불린다. 온도가 오르면 원자핵 주위를 돌고 있던 전자가 떨어져 나가면서 원자는 양이온과 전자로 나눠진다(전리). 전리로 생긴 하전 입자를 포함한 기체를 플라스마라고 한다.

구워진다. 스팀오븐 안에서는 뜨거운 열기 때문에 식품 내부의 지방과 염분이 녹아든 물이 뚝뚝 떨어진다.

또한 조리 기구 안에 있던 공기를 밀어냄으로써, 공기 중에는 21%나 존재하는 산소의 양이 확 줄어든다. 산소가 적은 상태에서는 식품 성분이 잘 산화되지 않기에 비타민처럼 산화에 취약한 성분을 조리하는 데 도움이 된다. 이렇게 해서 스팀오븐을 이용해 맛있는 요리를 만들 수 있다.[2]

---

2 최초로 판매된 가정용 스팀오븐은 과열 수증기만을 사용했다. 그러다가 후에 과열 수증기뿐
   만 아니라 마이크로파와 히터 등 다양한 가열 방식을 조합한 제품도 출시되었다. 이러한 제품
   을 스팀오븐레인지라고 한다.

15

사람은 두 다리로만 서는데 왜 넘어지지 않을까?

사람은 진화를 통해 두 다리로 설 수 있게 되었다. 이는 속귀로 얻은 정보와 시각 정보를 뇌가 일치시켜 항상 무게 중심을 잡아주고 있기에 가능한 일이다.

안정된 자세

사람 몸처럼 가늘고 긴 물체가 똑바로 서서 넘어지 그림 15-1
지 않으려면, 〈그림 15-1〉처럼 위에서 40~50% 정
도 위치에 있는 무게 중심(G)에서 수직으로 내린
선이 두 다리로 지탱할 수 있는 면 안에 들어가 있

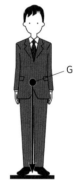

어야 한다. 따라서 외부적 요인이나 내부적 요인 때
문에 그 조건에서 벗어나는 움직임(흔들림)이 생겼
을 때, 이를 감지해 대처하는 능력이 필요하다.

　기계가 기울어져 있는지 확인하는 '수준기'라는
기구가 있다. 이것은 용기에 물을 넣으면 수면이 항상 수평을 유지하
는 성질을 이용한 것이다.

평형기관의 원리

놀랍게도 사람 몸속에도 그러한 '수준기'가 존재하는데, 물 대신 젤
리 상태의 림프액을 사용한다.

그림 15-2 귀의 구조

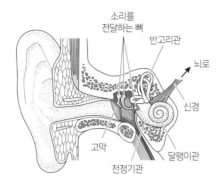

소리를
전달하는 뼈

반고리관

뇌로

신경

고막

달팽이관

전정기관

　귀의 고막 안쪽에는 고실이라는 공간이 있다. 그보다 더 안쪽에 위치한 속귀에는 〈그림 15-2〉처럼 '달팽이관'이 있는데, 내부 림프액의 진동을 통해 소리를 느끼는 기관이다. 달팽이관 위에는 '전정기관'과 '반고리관'이 있으며, 이들이 평형을 감지하는 기관이다. 전정기관 안에는 젤리 상태의 물질이 들어 있는데, 평형모래[1]라고 불리는 작은 입자를 포함하고 있다.

　젤리에는 감각모가 꽂혀 있어 신경과 이어져 있다. 이 전정기관이 기울어지면 젤리의 흐름과 함께 평형모래가 움직이며 감각모가 휘어져 수용 세포를 흥분시킨다. 이것이 사람이 기울어짐과 평형에 관한 감각(지각)을 얻는 방법이다.

---

[1] 탄산칼슘으로 이루어져 있다.

시각도 중요하다

우리가 수평 방향과 수직 방향을 감지할 때는, 눈에 보이는 외부 영상도 참고한다. 예를 들어 길이가 1m인 커다란 종이에 두께 3cm 정도의 수직선을 5cm 간격으로 7개 그어보자. 이를 눈앞에 두고 가만히 바라보다가 갑자기 20도 정도 회전시켜 보면, 똑바로 서 있기가 꽤 힘들 것이다.

16

자전거가 달릴 때 넘어지지 않는 이유가 뭘까?

자전거 타는 법은 한 번 익히면 별생각 없이 탈 수 있다. 이러한 '몸이 기억하는' 상태는 자전거의 구조적인 특징과 인간의 무의식적인 조종 기술에 의한 것이다.

자전거가 앞으로 나가려면

페달을 밟아 타이어를 회전시켜 앞으로 나아갈 때, 땅바닥과 타이어 사이에는 적당한 마찰력이 작용한다. 타이어는 미끄러지지 않고 계속 회전하며, 땅바닥에서 받은 힘으로 자전거가 앞으로 나아간다.

옛날에는 마찰이 일어나는 이유를 울퉁불퉁한 면 때문이라고 여겼다. 접촉하는 두 물체 표면에 울퉁불퉁한 부분이 있으며, 이 부분끼리 맞물리면서 생기는 힘이 마찰력이라고 설명했다. 하지만 실제로는 표면을 아주 반질반질하게 갈고닦아도 마찰력은 그리 떨어지지 않으며, 오히려 연마할수록 마찰력이 더 강해질 때도 있다.

현재 가장 유력한 설은 서로 물체를 달라붙게 만드는 힘이 작용한다는 설명이다. 물체를 아무리 갈고닦아도 미세한 굴곡은 남는다. 연마한 면끼리 맞닿아도 실제 접촉하는 면적은 겉보기 넓이의 1,000분의 1 이하이며, 이에 반비례하여 받는 힘이 커지므로 분자 간 힘에 의해 서로 달라붙으려는 응착력이 작용한다. 이 응착력을 끊을 때 드는 힘이 마찰력이라고 설명한다.

고무는 변형되기 쉬워서 땅바닥의 굴곡에 잘 달라붙어 마찰이 큰 소재다. 그래서 제동력과 구동력이 뛰어난 타이어를 만드는 재료로 쓰인다.

자전거가 넘어지지 않는 이유

우리가 자전거를 탈 때 만약 한쪽으로 기울어지면, 앞바퀴를 같은 방향으로 돌려 차체를 일으켜 세운다. 이러한 동작을 가능하게 만드는 조건은 다음의 3가지다.

조건① 타이어의 접지점이 핸들 축의 연장선보다 뒤에 있을 것

자전거의 핸들 축은 땅바닥에 대해 비스듬히 기울어져 있다. 그래서 핸들 축의 연장선보다 뒤에 타이어 접지점이 존재하며, 핸들을 좌우로 돌릴 수 있다(그림 16-1). 만약 자전거가 왼쪽으로 넘어질 것 같아서 핸들을 왼쪽으로 꺾으면, 원심력에 의해 바깥쪽(오른쪽)으로 차체

그림 16-1

핸들 축의 연장선보다
뒤에 있는 타이어 접지점

그림 16-2

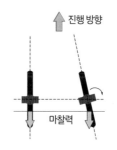

핸들을 왼쪽으로 꺾으면 원심력 때문에
오른쪽으로 힘이 작용

를 일으키려는 힘이 생겨 넘어지는 것을 막아준다(그림 16-2).

조건② 앞바퀴의 무게 중심이 축보다 앞에 있을 것

핸들 축에 달린 프론트포크(서스펜션)는 앞바퀴 중심 근처에서 약간 휘어져 있다. 그러면 앞바퀴의 무게 중심이 축보다 앞으로 나와서, 핸들을 꺾을 때 차체가 기울어지기 쉬워진다. 옛날에 독일의 희극왕이 영화에서 탔던 자전거는 앞바퀴의 무게 중심이 핸들 축 바로 아래에 있었기에 상당히 운전하기 어려웠을 것이다.

조건③ 앞바퀴에 작용하는 자이로 효과

자이로 효과란 '물체가 팽이처럼 회전할 때 축 방향을 유지하려는 성질'이다. 〈그림 16-3〉처럼 회전하는 타이어의 축을 기울이면, 회전의자에 앉은 몸이 돌기 시작한다. 〈그림 16-4〉처럼 회전 중인 타이어를

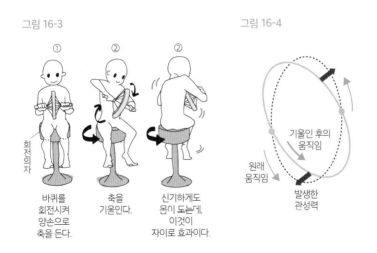

그림 16-3

① 바퀴를 회전시켜 양손으로 축을 든다.
② 축을 기울인다.
② 신기하게도 몸이 도는데, 이것이 자이로 효과이다.

회전의자

그림 16-4

기울인 후의 움직임
원래 움직임
발생한 관성력

왼쪽으로 기울였다고 생각해보자. 그러면 바퀴의 맨 앞부분은 원래 똑바로 아래로 내려갔어야 했는데, 바퀴를 기울인 결과 오른쪽 아래로 향하도록 힘의 방향이 바뀐다. 그러면 이를 방해하듯이 원래대로 아래로 향하도록, 즉 반대 방향인 왼쪽 아래로 향하는 관성력이 작용한다. 이 관성력이 회전의자에 앉은 사람을 돌게 만들며, 자전거에서는 넘어지지 않도록 도와준다.

다만 자이로 효과는 일정 속도 이상으로 회전하고 있어야 작용하며, 발생하는 관성력도 그리 크지 않다.

지전기를 타는 사람의 기술도 중요하다

〈그림 16-5〉의 자전거는 조건①과 반대로 타이어의 접지점이 핸들 축의 연장선보다 '앞에' 있다. 조건③의 관해서도 앞바퀴와 뒷바퀴에 각각 달린 역회전하는 바퀴 때문에 자이로 효과가 상쇄되고 있다. 앞바퀴의 무게 중심이 핸들 축보다 약간 앞에 나와 있기에 조건②만은 만족한다.

그림 16-5

조건 ①, ③을 만족하지 않는 자전거

진행 방향

핸들 축의 연장선보다
앞에 있는 앞바퀴의 접지점

그럼에도 〈그림 16-5〉의 자전거는 넘어지지 않고 잘 달린다. 즉 조건 ①~③은 자전거가 안정적으로 달리는 데 공헌하지만, 그렇다고 꼭 전부 다 만족해야 할 필요는 없다는 뜻이다.

또한 사람이 자전거를 타는 것도 안정성이 증가하는 요인이다. 사람은 자전거를 타면서 미세하게 자세를 바꿔 무게 중심을 조절하며, 차체가 넘어지지 않도록 조금씩 핸들을 조작한다. 연구를 통해 의외의 사실이 밝혀지기도 했다. 자전거를 타고 평범하게 달리다가 방향을 바꿀 때 사람은, 무의식적으로 꺾으려는 방향과는 반대 방향으로 핸들을 조금 돌린다고 한다.

17

드롭타워에서는 중력가속도 G의
몇 배를 체험할 수 있을까?

우리는 중력에서 벗어날 수 없다. 평소에 작용하는 중력가속도를 1G라고 하면, 놀이공원에서는 그보다 작거나 큰 G를 즐길 수 있다.

우주 비행에서 돌아온 무카이 치아키가 제일 먼저 한 일

무카이 치아키는 1994년에 일본인 여성 중 처음으로 미국 우주왕복선으로 우주 비행을 한 의사다. 그녀는 이렇게 말했다.[1]

"무중력의 세계는 정말로 신기하고 정말로 재미있는 세계입니다. 중력이 있는 지구상에서 생활할 때는 너무나 당연해서 의식하지 못하지만, 중력이 있기에 가능한 일이 아주 많아요! 예를 들어 방에 커튼을 거는 것도, 옷이 몸에 붙는 것도, 탁자 위에 컵을 놓을 수 있는 것도, 물이 배수구로 자연스럽게 흐르는 것도 전부 다 중력이 있기 때문이지요. 볼펜도 중력이 없으면 잉크가 심에서 떨어지지 않아 글자를 쓸 수 없다니까요. '이것은 중력과 관계 있을까'라는 생각을 해 보는 것도 흥미로울 겁니다."

---

1   무카이 치아키의 인터뷰 '지구와의 커뮤니케이션을 통해 알게 된 무중력을 느끼는 다양한 방법' (https://www.kanken.or.jp/kanken/kanjitokanken/5/1.html) 참고.

엘리베이터를 탔을 때의 중력가속도 변화

지구상에서 중력을 받으며 자유낙하(가속도가 0인 상태에서 낙하하는 물체의 운동＝등가속도 직선 운동)할 때의 가속도는 중력가속도 9.8m/s2이다. 지구에 있는 우리와 주변의 사물에는 【질량×중력가속도】만큼의 중력이 작용한다.

시험 삼아 고층 빌딩의 엘리베이터 안에서 체중계에 오른 채 꼭대기에서 1층까지 내려와 보자. 엘리베이터가 움직이기 시작하면 처음에는 무게가 작아질(몸이 뜨는 느낌[2]) 것이다. 그러다가 이윽고 등속운동에 들어가면 평소의 무게로 돌아왔다가, 1층에 거의 다 와서 감속하면 무게가 커진다(몸이 짓눌리는 느낌).

질량은 변하지 않으므로, 체중계의 값이 변한 이유는 운동 과정에서 중력가속도가 변했기 때문이다. 평상시의 중력가속도를 1G라고 하면, **값이 작아졌을 때는 1G보다 작아졌고 값이 커졌을 때는 1G보다 커진 것이다** (그림 17-1). 만약 엘리베이터를 지탱하는 줄이 끊어지면 자유낙하가

그림 17-1　엘리베이터의 움직임과 중력

내려갈 때
아래 방향으로 가속

위 방향으로 관성력이 생겨
중력이 작아짐

올라갈 때
위 방향으로 가속

아래 방향으로 관성력이 생겨
중력이 커짐

2　최신형 엘리베이터는 뜨는 느낌이 나지 않도록 개량되었는데, 그럴 때는 내려가기 시작할 때 '쪼그려 앉으면' 뜨는 느낌이 날 것이다.

일어나는데, 그때는 중력가속도가 0G가 된다.

롤러코스터의 스릴과 붕 뜨는 느낌을 만드는 가속도 G

놀이공원 시설 중 자유낙하에 가까운 속도로 떨어지는 탈것이 있다. 바로 드롭타워와 롤러코스터다.

예를 들어 일본 핫케이지마시의 놀이공원 파라다이스에 있는 기구 '블루폴'은 고층 빌딩 35층에 해당하는 107m 높이에서 떨어지며 최고 속도는 125km/h, 최대 4G다. 이는 순간적으로 평소에 받던 중력가속도 G의 4배나 되는 가속도를 받는다는 뜻이다.

또한 일본 야마나시현에 있는 후지큐 하이랜드의 대형 롤러코스터 타카비샤(2011년 설치)는 최대 4.4G다. 하늘을 올려다보며 지상 43m까지 올라간 다음 낙하 자세로 일시 정지했다가, 한동안 서행한 후 121도 각도로 안쪽으로 파고들듯이 떨어진다. 이 낙하 각도는 2019년에 미국에서 121.5도의 놀이기구가 생길 때까지 세계 1위였다.

사람 몸이 생리적으로 버틸 수 있는 중력가속도는 1~6G다. 6G 이상이 되면 심장보다 윗부분, 특히 뇌에 피가 공급되지 않아 산소결핍증이 생긴다. G가 크면 중력 때문에 피가 하체에 쏠려 심장이 혈액을 온몸으로 충분히 공급할 수 없기 때문이다.

전투기에서 느낄 수 있는 강한 G

여객기가 이륙할 때 뒤 방향으로 걸리는 G는 대체로 0.3~0.5G 정도이며, 수직 방향으로는 1.2~1.3G 정도다.

전투기에서는 긴급 회피 등을 할 때 3G와 5G를 빈번하게 받는다. 전투기 조종사 훈련생이 처음으로 교관과 훈련할 때는 3G에서 기절한다고 한다. 놀이공원 기구에서 4G를 받기도 하나 어디까지나 순간적인 값이며, 전투기에서는 오랜 시간 동안 강한 G를 계속 받는다. 그래서 전투기 조종사는 원심력 발생 장치에서 9G를 견디는 훈련을 한다.[3]

이와 반대로 번지점프는 자유낙하 운동을 한다. 그러므로 중력이 감소함을 느낄 수 있다. 다만 줄이 끝까지 늘어난 후 올라갔다 내려갔다 할 때 감속하며 높은 G를 받는다는 위험이 있다.

---

3 인체에 걸리는 중력을 2G 정도 경감해주는 G슈트를 착용할 때도 있다.

18

국제우주정거장이 무중력이 아니라 무중량 상태라고?

국제우주정거장은 '우주'라고는 하지만 중력은 작용한다. 그런데 어째서 우주비행사들은 둥둥 떠다니는 것일까?

국제우주정거장은 사실, 지구와 가깝다

국제우주정거장(이하 ISS[1])은 인류가 우주에 건설한 가장 큰 인공위성이다. 태양 전지 패널을 포함한 크기는 축구장 정도이며, 3~6명의 우주비행사가 상주해 과학과 의학 관련 다양한 실험과 관측을 하면서 바쁘게 지낸다.

ISS의 궤도는 지표에서 약 400km 거리의 원 궤도이며, 400km는 서울과 부산 사이 거리보다 조금 더 먼 정도다.[2] 지구 반지름이 6,400km 정도임을 생각하면, ISS는 지표면 위를 '거의 아슬아슬 스치듯이' 나는 셈이다. 물론 중력(지구에서 받는 만유인력)도 작용한다. 지구가 만유인력으로 잡아당기고 있기에, 인공위성과 지구의 위성인 달은 지구를 떠나 날아가 버리지 않는다.

---

1 International Space Station의 약칭이다.
2 초속 8km로 나는 ISS는 이 궤도를 90분 만에 한 바퀴 돈다.

우주비행사의 감각은 드롭타워와 똑같다

ISS에서 찍은 영상을 보면 안에서 우주비행사들이 둥둥 떠다니며 바닥에 발을 딛지 않은 채 헤엄치듯이 이동한다. 이른바 **무중력 상태**다. 다만 앞에서도 언급했듯이 ISS는 지구 근처에 있어서 중력이 작용하므로, 겉으로 보기에 중량이 없는 '**무중량 상태**'라고 하는 것이 더 정확한 표현이다. 어째서 이런 현상이 일어나는 것일까?

앞에서 소개한 놀이공원의 드롭타워를 생각해보자. 자유낙하를 하는 짧은 시간 동안 승객은 좌석에서 몸이 붕 뜨는 느낌을 받는다. 자유낙하를 할 때는 질량과 관계없이 모든 물체가 똑같이 떨어진다. 만약 사람이 자유낙하 하는 방안에 갇혀 있고 주위 경치가 보이지 않는다면, 낙하하는 줄도 모르고 방안에서 자신의 몸이 둥둥 떠 있는 '무중량 상태'를 경험할 것이다. 실은 우주비행사는 이 감각을 비행 중에 계속 맛보고 있다.

포물 비행을 통한 무중량 훈련

자유낙하가 아닌 다른 방법으로도 무중량 체험을 할 수 있다. 우리가 물건을 던지면 손을 떠난 후에는 중력만을 받으며 포물선 운동을 한다. 이 운동은 초기 속도만 같다면 질량과 상관없이 어떤 물체든 똑같은 궤적을 그린다. 만약 사람이 있는 방을 통째로 하늘로 던져버리면, 안에 있는 사람은 무중량 상태를 체험할 수 있다.

우주비행사 훈련을 위해 비행기를 이용한 '포물 비행(파라볼러 프라이트)'을 할 때가 있는데, 말 그대로 포물선을 그리며 비행한다는 뜻이다. 완벽한 포물선 운동을 하도록 비행기를 정밀하게 조종하면, 비행기 내부를 무중량 상태로 만들 수 있다.

일반적으로 포물선 운동을 하면 결국 땅바닥에 떨어진다. 그러나 지구가 둥글다는 점을 잘 이용하면, 우주선과 우주비행사가 언제까지나 땅에 떨어지지 않은 채 계속 낙하운동을 이어나갈 수 있다.[3]

---

3 인공위성을 쏘아내는 속도인 초속 8km는 낙하 궤적이 지구가 둥근 정도와 정확히 일치한다.

19

무인 탐사선 하야부사 2호를 움직이는 이온 드라이브란 무엇일까?

일본의 소행성 탐사선 하야부사 2호는 이온 드라이브로 행성 간 우주를 나아간다. 기존 로켓 엔진과는 원리가 전혀 다른 '전기 추진'이라는 새로운 우주 기술이다.

소행성 류구에 터치다운 성공!

일본의 소행성 탐사선 '하야부사 2호'는 2014년 12월에 지구를 출발하여, 소행성 '류구' 탐사를 무사히 마치고 지구로 돌아오는 중이다.[1] 하야부사 2호는 소행성 '이토카와'를 탐사한 '하야부사 1호'를 개량한 탐사선이다. 2019년에 소행성 류구에 터치다운을 두 번 성공하는 등 세계 신기록을 여럿 달성했다. 달 이외의 천체에서 샘플을 가지고 돌아오는 기술은 일본이 전 세계적으로 앞선 상태다.

로켓 추진의 원리

우주를 날아다니는 탐사기는 궤도를 변경하거나 속도를 바꾸기 위해 대체로 '화학 엔진'을 사용한다. 화학 엔진은 연료를 태우는 등의 화학 반응을 통해 가스를 빠르게 분출하여, 그 반동으로 추진력을

---

1 이 책을 쓴 2020년 4월 기준의 상황이다. 2020년 12월에 하야부사 2호가 캡슐로 떨어뜨린 소행성 류구의 샘플은 호주 우메라 사막에 성공적으로 안착했다. 하야부사 2호는 향후 11년 동안 다른 소행성 탐사에 나선다고 한다.

얻는다. 우주는 진공이라 발 디딜 데가 없기 때문에 운동 상태를 바꾸려면 무언가를 던져서 생긴 반동을 이용할 수밖에 없기 때문이다. 그래서 우주선에 연료와 이를 태울 산소 등의 산화제를 싣고 출발해야만 한다. 이러한 추진제가 로켓 질량 대부분을 차지한다.

이러한 로켓 추진 원리는 **운동량 보존 법칙**에 기반을 둔다. 운동량의 정의는 【질량×속도】이며, 우주선에서 방출한 추진제의 운동량이 클수록 반동으로 얻는 추진력도 커진다. 화학 엔진에서 뿜어져 나오는 가스의 속도는 초속 2.5~4.5km 정도. 만약 더 빠른 속도로 가스를 분출할 수만 있다면 적은 양의 추진제로도 비슷한 거리를 갈 수 있을 것이다. 하지만 화학 반응을 이용하는 한, 비약적인 향상은 기대하기 어렵다.

이온 드라이브란 무엇인가

하야부사 1호와 하야부사 2호에 탑재된 **이온 드라이브**는 이 분야에서 혁신을 일으켰다. 이온 드라이브는 제논이라는 물질을 추진제로 이용한다. 고등학교 화학 시간에 희귀 가스인 제논에 관해 배운 사람도 있을 것이다. 제논은 화학 반응을 하지 않는 물질인데, 어째서 추진제로 쓰이는 것일까?

전자레인지에서 사용하는 마이크로파를 이용하면 제논을 이온화해서 플라스마라는 상태로 만들 수 있다. 여기에 전압 1,500V를 가하면 제논 이온을 전기적으로 가속해 초속 30km의 속도로 분출할 수 있다. 이는 화학 엔진의 분사 속도보다 10배나 빨라서, 추진제의 질량을 획기적으로 줄일 수 있다.

하야부사 2호는 탐사선의 전체 질량 600kg 중에서 제논 66kg을 탑재했는데, 이것도 넉넉하게 필요한 양의 2배를 실은 것이다.[2]

가늘고 길게

하야부사 2호는 이온 드라이브를 총 4대 탑재했으며, 최대 3대까지 동시에 운용할 수 있다. 하지만 이온 드라이브 1대로는 작은 동전 한 닢을 겨우 들어 올리는 정도의 힘밖에 낼 수 없다. 이렇게 약한 힘으

그림 19-1   **하야부사 2호의 궤도**

제3기 이온 드라이브 운전
(2018년 1월 10일~2018년 6월 3일)

'하야부사 2호'의 궤도

류구의 궤도

제2기 이온 드라이브 운전
(2016년 11월 22일~2017년 4월 26일)

태양

지구의 궤도

발사
(2014년 12월)

류구 도착

지구 스윙바이
(2015년 12월)

제1기 이온 드라이브 운전
(2016년 3월 22일~2016년 5월 21일)

---

2   만약 화학 추진으로 똑같은 효과를 얻으려면 추진제를 최소 300kg은 실어야 한다. 이러면 전체 질량 중 절반가량을 추진제가 차지하고 만다.

로 600kg의 기체를 가속하고 감속할 수 있을까?

여기서 열쇠가 되는 것은 바로 '시간'이다. 우주는 진공이라 방해꾼이 없으므로, 아주 작은 힘으로도 확실한 효과를 낼 수 있다. 이제 시간만 들이면 되는 것이다. 이온 드라이브는 수개월 동안 연속 운전이 가능하니 오랫동안 천천히 효과를 쌓아 올려서, 〈그림 19-1〉처럼 몇 개월에 걸쳐 궤도와 속도를 바꿔 나간다. 이온 드라이브를 이용한 '전기 추진'은 태양 전지 패널로 만들어낸 전력을 사용한다. 다행히 우주에는 장애물이 없기에 태양 에너지를 항상 손에 넣을 수 있다. 이온 드라이브는 연비 좋은 최고의 친환경 추진 기술이다.

20

우주 비행사는 달 위에서
어떻게 떠다니듯 걸을까?

인류가 처음으로 달에 도달한 지 50년이 지났다. 당시 영상을 보면 우주비행사의 움직임이 마치
슬로모션으로 떠다니는 것처럼 보인다. 이는 달의 중력이 약하기 때문이다.

아폴로 11호가 달에 착륙한 지 50년이 지났다

1969년 7월 21일 낮(일본 시각)에 아폴로 11호의 암스트롱 선장은 인류 최초로 달 표면 '고요의 바다'에 첫발을 내디뎠다. 이때부터 약 50년이 지났지만, 지금도 지구 외의 천체를 걸은 사람은 아폴로 11호~17호의 우주비행사 12명뿐이다.[1]

당시 영상 기록 중 인상적인 부분은 흰색 우주복 차림의 비행사들이 달 표면에서 둥둥 떠다니듯이 뛰어오르면서 걷는 장면이다. 어떻게 이런 움직임이 가능한 것일까?

달 표면의 중력은 지표의 6분의 1

비밀은 바로 **중력**이다. 질량을 지니는 모든 물체는 **만유인력**이라는 힘으로 서로를 끌어당긴다. 만유인력은 아주 약한 힘이지만, 힘의 크기가 질량에 비례하므로 지구만큼 큰 물체(천체)라면 우리가 '몸의 무

---

1 1970년 4월에 아폴로 13호는 사고 때문에 달에 착륙하지 않고 귀환했다.

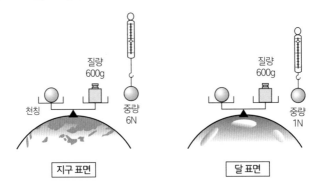

그림 20-1　달 표면 중력은 지구의 6분의 1

질량
600g

천칭　　　중량
6N

지구 표면

질량
600g

중량
1N

달 표면

게'를 느낄 수 있을 정도로 강한 힘을 낸다. 즉, **중력이란 '천체에서 받는 만유인력'**이다. 달 표면에도 달에서 받는 중력이 있다. 다만 달은 반지름이 지구의 4분의 1 정도에 질량은 지구의 약 80분의 1인 비교적 작은 천체이므로, 표면에서 받는 중력은 지구의 6분의 1 정도다(그림 20-1).

중력이 약하면 무슨 일이 일어날까? 우선 몸과 짐이 가볍게 느껴진다. 지구에서 60kgw(킬로그램힘)의 중력을 받는 사람도 달에서는 약 10kgw의 힘만 받는다. 아폴로호의 달 표면 활동용 우주복 질량은 생명 유지 장치가 든 배낭까지 포함하면 82kg이나 되었지만, 이는 달 표면에서는 14kgw으로 느껴지므로 그다지 부담스러운 무게가 아니었다.

중력이 약하면 걸음걸이에도 영향을 미친다. 인간의 근력은 달에서도 변하지 않는다. 그러므로 달 표면에서 점프하면 지구의 6배 높이까지 뛰어오를 수 있고, 공중에 떠 있는 시간도 6배가 된다. 달에서 걷기 위해 발을 내디디면 몸이 떴다가 착지할 때까지 6배의 시간이 걸리므로 보폭도 6배가 되어 버린다. 그래서 달 위에서 걷는 비행사는 마치 슬로모션 같은 움직임을 보이며, 무거운 우주복을 입고 있는데도 둥둥 떠다니듯 걸어 다닌다.

1971년 7월에 착륙한 아폴로 15호의 데이비드 스콧 선장은 달 표면에서 생중계 영상을 찍을 때 무거운 암석 채집용 망치와 가벼운 매의 깃털을 양손으로 들고 있다가 동시에 떨어뜨리는 실험을 했다. 두 물체는 슬로모션처럼 천천히 낙하하여 동시에 바닥에 떨어졌다. 이는 중력이 지구의 6분의 1이며, 달이 진공 상태임을 보여주는 영상이었다.[2]

다시 달을 향해

유인 달 탐사에는 막대한 자금이 필요하다는 사정 때문에, 인류는 반세기에 걸쳐 달의 땅을 밟지 않았다. 최근에야 다시 달을 주목하기 시작했는데, 이는 달에서의 자원 채굴이 현실성을 띠기 시작했기 때문이다.

오랫동안 우리는 달을 공기도 물도 없는 건조한 천체라고 여겨 왔다. 하지만 양극 근처의 크레이터 내부 등 햇빛이 들지 않는 '영구 그림자' 영역에 대량의 얼음이 존재한다는 설이 지지를 받으면서, 달의 자원 활용에 관한 기대가 부풀어 오르고 있다. 어쩌면 국가 간에 서

---

2 아폴로 15호 데이비드 스콧 선장이 보여준 망치와 깃털의 낙하 실험 동영상(https://commons.wikimedia.org/wiki/File:Apollo_15_feather_and_hammer_drop.ogv)

로 선수를 치려는 쟁탈전이 벌어질지도 모른다.

달은 중력이 약하고 공기도 없으므로 유인 활동이 쉽지 않다. 그런데 이는 바꿔 말하면, 달 표면에서 비교적 쉽게 물자를 가져갈 수 있다는 뜻도 된다. 중력이 약하면 적은 연료로도 우주선을 쏘아 올릴 수 있기 때문이다.

또한 달을 발판 삼아 화성에 도전하는 국제 우주 기지 '달 궤도 플랫폼 게이트웨이'[3] 계획도 있다. 미국은 우선 '아르테미스 계획'을 실행하여 반세기 만에 유인 달 탐사를 재개했으며, 최초로 여성이 달의 땅을 밟을 예정이다.

---

3 달 주회 궤도상에 건설하자는 제안이 나온 유인 우주 정거장이다. NASA 등이 프로젝트를 주도하며, 2020년대에 건설하는 것이 목표다.

제 3 장

쾌적한 생활에

넘쳐나는 물리

21

사람의 진짜 체온은 어느 부위에서 어떤 식으로 잴 수 있을까?

체온은 몸의 부위에 따라 다르다. 주변 온도와 발열 등에 좌우되지 않는 심부 체온은 37℃ 전후로 거의 일정하지만, 겨드랑이에서 측정한 체온은 그보다 1℃나 낮다.

체온이란 어느 부위의 온도일까?

추운 겨울날에 밖으로 나가면 얼굴과 손이 차가워지지만, 뱃속까지 차가워지지는 않는다. 따라서 체온이란 피부 표면의 온도가 아니라 몸속의 온도를 가리킨다. 정확히 말하면 뇌와 심장 등의 중요한 상기를 지키기 위한 온도를 말하며, 이를 **심부 체온**이라고 한다. 주변 온도가 변하거나 병에 걸려 열이 나더라도, 심부 체온은 항상 37℃ 전후의 좁은 범위(±2℃) 안에 있다.

우리 몸속에서는 다양한 화학 변화가 일어나 생명 활동을 유지한다. 온도가 높으면 화학 반응이 더 빠르게 진행되어 효율이 높아지지만, 화학 반응에 관여하는 효소[1]는 41~42℃를 넘으면 변성하여 작동하지 않게 된다. 그래서 우리 몸은 가능한 높은 온도를 유지하되, 이상이 발생하더라도 41~42℃를 넘지는 않도록 37℃ 전후로 체온을

---

[1] 몸속 화학 반응을 진행하는 효소의 주성분은 단백질이다. 단백질은 아미노산 등이 입체적인 구조를 이룬 것인데, 열로 인해 이 구조가 무너져 고유 성질을 잃는 현상을 열변성이라고 한다.

조절한다.

체온은 어떻게 재면 될까?

진정한 체온은 심부 체온이지만, 이를 직접 측정하기는 어려우므로 보통은 겨드랑이 온도를 잰다. 실제로는 겨드랑이보다 직장이나 혀 아래의 온도가 더 심부 체온을 잘 반영한다. 겨드랑이 온도는 가장 심부 체온에 가까운 직장 온도보다 0.8~0.9℃ 낮다.

평형 온도 측정하기

수은온도계로 겨드랑이 온도를 잴 때는 온도계를 5분 이상 겨드랑이 사이에 끼고 있어야 한다. 정확히 말하면 이는 심부 체온을 재는 것이 아니라, 몸 표면 중 비교적 외부 기온의 영향을 덜 받는 겨드랑이 부분의 평형 온도[2]를 측정하는 것이다.

겨드랑이 사이에 체온계를 끼우면 온도가 높은 겨드랑이에서 온도가 낮은 체온계로 열이 전도되어, 10분 후에는 서로 같은 온도가 되는 열평형 상태에 도달한다. 그래서 겨드랑이나 입으로 10분 동안 측정한 체온은 심부 체온보다는 낮은 온도를 나타낸다.

평형 온도 예측하기

전자체온계는 수십 초만 겨드랑이 사이에 끼우고 있어도 체온을 잴

---

2 온도계의 수은 기둥이 움직임을 멈췄을 때 온도계와 주변 온도는 '열평형'에 도달했다고 하며, 이때 온도계가 가리키는 온도를 '평형 온도'라고 한다.

수 있다. 전자 체온계 끝에는 온도가 높을 때는 전기가 잘 흐르고 낮을 때는 덜 흐르는 서미스터[3]라 불리는 온도 센서가 달려 있다. 이러한 서미스터를 이용한 전자 체온계가 수십 초 만에 체온을 잴 수 있는 비결은 바로 '예측'이다. 체온을 재기 시작했을 때의 온도 상승 속도를 바탕으로, 마이크로컴퓨터에 내장된 대량의 체온 측정 데이터를 통계적으로 처리함으로써 10분 후의 평형 온도를 예측해서 표시하는 것이다(그림 21-1).

적외선 양으로 온도 측정하기

이마나 귀 고막에 가까이 대서 단추를 누르면 '삑' 하는 소리와 함께 1초 만에 체온을 잴 수 있는 체온계도 있다. 이는 모든 물체가 내뿜

그림 21-1 **평형 온도 예측하기**

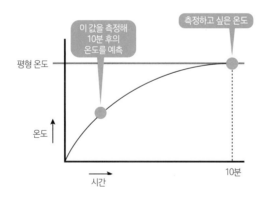

3 　서미스터(Thermistor)는 열(Thermal)과 저항(Resistor)을 합친 단어다.

는 적외선[4]을 감지하여 온도로 변환하는 방사 온도계를 이용한 제품이다.

기구를 직접 몸에 대지 않아도 측정할 수 있어, 자꾸 돌아다니는 아이들의 체온을 쉽게 잴 수 있다. 뿐만 아니라 감염증 예방에도 도움이 된다. 뇌에 가까운 고막은 외부 기온의 영향을 덜 받기에, 심부 체온에 가까운 안정된 온도를 나타낸다.

그 밖에도 적외선을 이용한 체온 측정 방법으로는 온도 분포를 색으로 표시해주는 열화상 카메라가 있다. 옛날에는 비싸고 큰 장치였지만, 최근에는 스마트폰용 소형 열화상 카메라도 나와 있다.

2020년 기준으로, 신종 코로나 바이러스 감염증-19(COVID-19) 감염자 유입을 막기 위한 대책으로 공항 등에서 열화상 카메라를 활용하고 있다. 감염된 사람은 38℃ 이상의 발열 증세를 보이므로, 몸 표면의 온도가 높은 사람(얼굴을 마스크로 가렸다 해도 이마나 목 등 노출된 부분으로 판단한다)을 찾아낼 수 있다.

4　적외선이란 파장이 0.76～1,000μm 범위에 있는 전자기파인데, 그중에서 넓은 온도 범위를 측정하는 데 적합한 적외선 파장은 8～14μm다. 온도에 따라 적외선이 지니는 에너지의 크기가 다르므로, 물체에서 뿜어져 나오는 적외선 에너지를 측정하여 온도를 알아낼 수 있다.

'하' 하고 내쉴 때와
'후' 하고 내쉴 때의 온도는 왜 다를까?

손바닥에다 숨을 '하' 하고 내쉴 때와 '후' 하고 내쉴 때, 손바닥으로 느껴지는 온도는 크게 다르다. 이는 동반흐름이라는 현상과 관련이 있다.

체열이란 무엇일까?

입을 크게 벌려 천천히 '하' 하고 숨을 내쉴 때와 입을 오므리며 '후' 하고 내쉴 때, 각각의 날숨이 손바닥에 닿으면서 느껴지는 온도는 선혀 다르다. 왜 그런 것일까? 이 문제를 생각하기 전에 먼저 손바닥의 온도에 관해 설명하겠다.

인간의 평균 체온은 36~37℃ 정도(통상 36.5℃)다. 우리가 먹은 음식물을 소화하고 흡수하여 얻은 영양분이 각 세포에서 산소와 반응함으로써 체열이 생긴다. 편안하게 쉬고 있을 때 대부분의 열은 내장에서 만들어내며, 골격근의 운동 때문에 생기는 열은 25% 정도다. 하지만 걷는 등의 운동을 하면 골격근이 내는 열의 비율이 80% 정도로 오른다.

이렇게 생긴 열은 피를 통해 온몸에서 심장으로 모였다가, 다시 심장에서 온몸으로 따뜻한 혈액이 퍼져나가 피부 전체로 퍼져 나간다. 피부 표면의 온도는 피부에 가까운 모세혈관에 흐르는 피의 양이 늘면 오르고 줄면 떨어진다.

피부는 공기와 접하고 있어 가장 열을 잃기 쉬우므로 열을 방출하는 기능을 담당한다. 이렇게 우리 몸은 열의 수지 균형을 맞추며 체온을 일정하게 유지한다.

'하'와 '후'의 차이

공기의 온도(기온)가 30℃일 때 바람이 불지 않으면 보통 '덥다'고 느낄 것이다. 이때 우리 피부 표면에서는 무슨 일이 일어나고 있을까?

피부 표면은 움직이지 않는 공기층으로 뒤덮여 있어, 마치 공기로 이루어진 옷을 입은 것과 같은 상태다. 공기 옷의 두께는 바람이 없을 때 4~8mm 정도인데, 공기는 단열성이 높아 이 공기층이 두꺼울수록 열을 잘 차단한다. 그래서 주위 온도가 체온보다 낮은 30℃라 할지라도 피부는 그보다 더 높은 온도를 유지할 수 있다.[1]

그런데 바람이 강하게 불면 피부 표면 근처의 움직이지 않는 공기층 두께가 얇아진다.

바람이 없을 때의 두께가 6mm 정도라면, 풍속 1m/s에서 1.5mm가 되고 10m/s에서는 0.3mm가 된다. 참고로 선풍기 바람이 풍속 1~3m/s 정도다. '움직이지 않는 공기층'이 얇아질수록 주위에 있는 30℃의 공기 때문에 피부가 차가워지기에, 우리는 바람을 쐬면 시원하다고 느끼는 것이다.

숨을 '하' 하고 내쉴 때는 체온으로 따뜻해진 34℃ 정도의 공기가

---

1 피부 표면 근처에 있으며 피부와 온도가 거의 같은 공기층을 한계층이라고 한다.

뿜어져 나온다. 하지만 '후' 하고 입을 오므리며 숨을 내쉬면, 입안뿐
만 아니라 주위에 있는 공기도 함께 빨려 들어와서 강한 바람이 된
다. 만약 함께 따라온 주위 공기의 온도가 30℃라면, 바람의 온도는
체온보다 낮아진다.[2] 또한 선풍기와 마찬가지로 공기 옷의 두께를 얇
게 만드는 효과도 있다.

흐름에 주변 유체가 빨려 들어가는 현상

유체역학에는 '동반흐름'이라는 개념이 있다. 점성 유체의 흐름에 주
변 유체가 빨려 들어가 혼합되는 현상을 말한다.[3] '후' 하고 숨을 내
쉴 때는 바로 이 현상이 발생한다.

이를 간단하게 실감할 수 있는 실험이 있다. 커다란 비닐봉지를 준
비해 입으로 봉지에 바람을 가득 채워보자. 이때 폐활량과 봉지의
용량을 생각하면 알 수 있다시피, 여러 차례 숨을 내쉬어야 봉지가
가득 찬다. 그런데 봉지 입구를 크게 연 다음 입을 오므리며 바람을
불면, 순식간에 봉지가 부풀어 오른다. 날숨에 주변 공기가 휘말려
들어가 함께 봉지 속으로 들어가기 때문이다.

이러한 현상은 일반적인 날개 달린 선풍기에서도 볼 수 있다. 선풍
기는 주변 공기를 빨아들여 바람을 낸다.

---

2 '후' 하고 불 때의 현상을 '열의 출입이 없을 때 기체를 팽창시키면 온도가 떨어진다'는 단열
  팽창으로 설명하기는 어렵다. 입 안팎의 압력 차이가 너무 작기 때문이다.
3 동반흐름(Entrainment) 효과를 활용한 제품으로는 날개 없는 선풍기가 있다. 또한 심리학에서
  관련 용어로도 쓰이기도 한다.

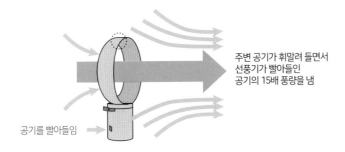

그림 22-1　날개 없는 선풍기가 바람을 일으키는 원리

주변 공기가 휘말려 들면서
선풍기가 빨아들인
공기의 15배 풍량을 냄

공기를 빨아들임

　고리 사이에서 바람이 나오는 날개 없는 선풍기도 동반흐름을 이용한 제품이다. 이 선풍기는 외부에 날개가 달려 있지 않지만, 원기둥 모양의 몸통 안에 날개와 모터가 들어 있다. 몸통에는 구멍이 많이 뚫려 있는데, 구멍을 통해 몸통 안으로 들어간 공기는 모터와 날개에 의해 위쪽 고리 부분으로 올라온다. 고리의 뒷면 안쪽에는 1mm 정도의 슬릿(좁은 틈)이 있는데, 이 슬릿을 통해 공기가 고속으로 분출된다. 분출된 공기는 주위에 있는 공기들과 함께 강한 바람을 만들어낸다.

23

'안정감이 있다'는 말은 무슨 뜻일까?

땅바닥에 놓인 물건을 가리키며 '안정감이 있다(없다)'고 할 때가 있다. 이건 대체 무슨 뜻일까? 평소에 무심코 하는 말속에 있는 '역학'에 관해 살펴보자.

사물이 쓰러지지 않는 조건

어떤 물체가 '안정감이 있다'고 하려면 힘의 평형을 이룬 채 가만히 정지해 있어야 한다.

〈그림 23-1〉 왼쪽 그림을 보면 알 수 있듯이 무게 중심 G에서 수직으로 내린 선이 물체의 3개의 다리가 만드는 '지지면' 안쪽을 통과해야만 한다. 또한 오른쪽 그림처럼 이를 기울여서 넘어뜨리려 해도, 넘어지지 않고 원래대로 돌아와야 한다.

무게 중심 G에서 중력이 작용하는 방향으로 그은 선을 무게 중심선이라고 한다. 이 선이 어디를 지나는가가 안정성을 좌우한다.

그림 23-1

그림 23-2

모노레일과 우산이 각각 안정적으로 매달려 있는 상태로
점 P는 항력이 작용하는 지점이며, 점 G는 무게 중심

안정적으로 매달리기

다음으로 물체가 매달려 있을 때의 안정성을 생각해보자. 이때도 힘이 평형을 이루며 물체가 정지해 있어야 하는 것은 맞지만, '안정감이 있다'는 말을 하려면 다른 요소도 필요하다. 〈그림 23-2〉의 오른쪽 그림에서 우산이 안정적으로 매달려 있는 이유는 항력이 작용하는 지점 P에서 내린 연직선상에 무게 중심 G가 있기 때문이다. 왼쪽 사진과 같은 현수식 모노레일이 안정적으로 매달려 있는 것도 똑같은 원리다. 만약 매달려 있는 물체에 좌우 방향으로 조금 힘을 주면 흔들려서 무게 중심이 위로 올라가지만, 다시 원래대로 돌아오므로 안정적이라고 할 수 있다.

이처럼 물체에 힘을 가했을 때 무게 중심이 위와 아래 중 어느 방향으로 이동하느냐에 따라 안정된 상태를 유지할 수 있을지가 결정된다. 이를 '위치 에너지'라는 개념을 이용해 표현하면 '위치 에너지가 커진다/작아진다'고 할 수 있다. 무게 중심이 위로 올라가면 받은 힘에 대항하여 원래대로 돌아가려는 힘(복원력)이 작용하므로 안정된 상태를 유지할 수 있다. 이와 반대로 무게 중심이 아래로 내려가 버리면, (떨어져서) 움직이기 시작하며 이는 불안정하다고 할 수 있다.[1]

조작에 의한 동적 안정성

안정함과 불안정함은 정적인 면뿐만 아니라 동적인 면도 있다. 이제 사람 혹은 기계가 상황을 판단하면서 이를 움직여 안정한 상태를 유지할 수 있을지 한번 생각해보자. 이를 조작에 의한 동적 안정성 문제라고 한다. 이때 '안정'은 '안정된 배치를 유지할 수 있느냐'라는 뜻이다.

〈그림 23-3〉처럼 손바닥 위에 막대를 세운 다음, 손바닥을 잘 움직여서 막대가 쓰러지지 않도록 해보자. 실험에는 30cm 정도의 짧은 막대와 2m 정도의 긴 막대를 사용한다. 실험을 시작하기 전에 어느 막대가 더 쉽겠냐고 물어보면, 짧은 막대가 더 쉬울 것이라고 답하는 사람이 아주 많다. 무게 중심이 낮을수록 더 안정적일 것이라는 직감 때문일 것이다. 그런데 실제로 해보면 짧은 막대는 금방 쓰러져 버리지만 긴 막대는 비교적 쉽게 서 있으며, 그 상태를 유지할 수 있다.

막대가 쓰러지는 이유는 막대의 아래쪽 끝을 중심으로 회전하기

---

[1] 외부 운동에 의해 무게 중심의 위치가 변하지 않을 때, 정적인 안정과 불안정 사이에 있는 '중립'이라는 상태가 있을 수도 있다. 땅바닥에 놓인 구체가 대표적인 사례로, 무게 중심이 위아래로 이동하지 않아도 굴러가기 시작한다.

때문이다. 그래서 우리는 막대가 쓰러지려는 방향으로 손바닥을 움직여, 막대의 무게 중심에서 내린 수직선이 손바닥을 지나도록 만들어줘야 한다.

그림 23-3

손바닥 위에서 막대를 세우는 실험

인간이든 기계든 조작하는 속도에는 한계가 있으므로, 막대가 넘어지는 속도가 매우 빠르다면 그걸 따라갈 수 없다. 짧은 막대는 쓰러지는 시간이 짧으므로 인간의 속도 한계를 쉽게 넘어버린다. 반면에 긴 막대는 쓰러지는 시간이 길기 때문에 인간의 속도로도 따라갈 수 있다.

24

어째서 빨대로 음료를 마실 수 있을까?

물속에서 수압이 작용하듯이 육상에서 살아가는 우리에게는 대기압이 작용한다. 대기압은 날씨 변화뿐만 아니라 빨대로 음료를 마시는 행위와도 깊은 관계가 있다.

사람은 대기라는 바다 밑바닥에서 산다

평소에는 잘 의식하지 못하지만, 지표면 위에 있는 우리는 대기라는 '바다' 밑바닥에서 살고 있다. 대기층을 이루는 공기의 무게가 만들어내는 압력이 대기압이며, 지표면의 대기압은 대략 1,013헥토파스칼(hPa)이다.[1]

이탈리아의 물리학자이자 수학자인 토리첼리는 1643년에 대기압과 진공의 존재를 보여주는 실험을 했다. 한쪽 끝이 막힌 1m가 조금 넘는 길이의 유리관에 수은을 가득 채우고 다른 한쪽 끝을 손가락으로 막은 다음, 수은이 담긴 용기 속에 거꾸로 세워서 손가락을 뗀다. 그러면 유리관 속에 있는 수은은 76cm 높이까지 내려왔다가 멈추며 윗부분에 텅 빈 공간이 생긴다. 윗부분에 생긴 공간은 원래 수은으로 가득 차 있었던 곳이며, 이를 '토리첼리의 진공'이라고 부른다(그림 24-1).

---

1 1기압 =$1.013 \times 10^5 \text{N/m}^2$ =$1.013 \times 10^5 \text{Pa}$ =1,013hPa 이라고 계산할 수 있다. 1N은 대략 100g 의 물체에 작용하는 중력과 같다. 따라서 1기압은 1m²당 약 10톤의 중량이 걸린 상태라고 할 수 있다. 우리 손바닥 위에는 대략 100kg의 무게가 걸려 있다는 뜻이다.

그림 24-1 　토리첼리의 진공

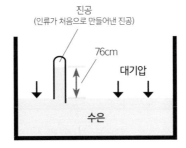

진공
(인류가 처음으로 만들어낸 진공)

76cm

대기압

수은

그 당시까지만 해도 고대 그리스 철학자 아리스토텔레스의 "자연은 진공을 싫어한다"라는 생각이 지지를 받아왔다. 물을 퍼 올리는 펌프도 '진공이 만들어지지 않도록 진공이 물을 끌어당긴다'고 설명했다. 토리첼리는 용기의 수은 면에 걸리는 대기의 무게(정확히 말하면 압력)가 수은 기둥의 무게와 평형을 이루어 이를 지탱하고 있다고 주장했으며, "사람은 대기라는 '바다' 밑바닥에서 산다"라고 말했다.

　1기압이 얼마나 강한 압력이냐면, 수은이라는 대단히 무거운 금속을 76cm나 지탱할 수 있을 정도다. 그러면 수은 대신 물을 써보면 어떻게 될까. 수은의 밀도는 물의 13.6배이므로, 이론상 약 10m를 버틸 수 있다는 말이 된다. 이것이 펌프로는 물을 약 10m 정도밖에 퍼 올릴 수 없는 이유다.[2]

2　필자는 대기압으로 드럼통을 찌그러뜨리는 실험을 여러 차례 해봤다. 드럼통에 물을 수 cm 넣고 마개를 연 상태로 아래에서부터 가열하여 물을 끓인다. 드럼통 내부가 수증기로 채워지면 가열을 멈추고 마개를 닫는다. 그러면 잠시 후에 큰 소리를 내면서 드럼통이 찌그러진다.

대기압 덕분에 빨대로 음료를 마실 수 있다

우리는 빨대로 음료를 마실 때 뺨에 힘을 줘서 입안의 압력을 낮춘다. 음료에는 대기압이 걸려 있으므로, 대기압이 밀려서 음료가 우리 입속으로 들어온다.

다음과 같은 실험을 해보자.

입에 빨대를 2개 물어서 하나는 컵 속에 든 음료에 꽂고 또 하나는 그대로 컵 밖에 둔다. 이 상태에서 빨대로 컵 속의 음료를 마실 수 있을까? 실제로 해보면 컵 밖의 빨대가 있는 한 아무리 빨대를 빨아들여도 입안의 압력은 대기압과 똑같다. 음료에 대기압이 걸려 있다 해도 입안의 압력 또한 대기압과 같으므로 음료는 움직이지 않는다. 입안의 압력이 대기압보다 작지 않으면 빨대로 음료를 마실 수 없다는 뜻이다.

25

압력솥으로 조리시간을
단축할 수 있는 이유가 뭘까?

최근 불 조절이 필요 없는 전기압력솥이 조리시간을 단축해주는 편리한 제품으로 주목받고 있다.
전기압력솥의 강한 압력으로 고온 조리를 할 수 있다.

압력솥은 고온 조리 기구

압력솥은 가열해서 생긴 수증기를 내부에 가둬 솥 안의 압력을 올린
다. 압력솥에는 압력이 걸리도록 뚜껑을 잠가 밀폐하는 장치와 압력
이 지나치게 높아지면 수증기를 내뿜는 안전장치가 달려 있다.

내부 압력이 약 1.7~2기압이 되면 115~120℃의 고온으로 조리할
수 있으므로, 식품을 가열하는 시간을 2분의 1에서 3분의 1 정도로
줄일 수 있다(그림 25-1). 커다란 고깃덩어리, 뼈 있는 고기, 소 힘줄,
현미, 콩 등의 잘 익지 않는 식품을 보통 냄비보다 빠르게 익힐 수 있

그림 25-1　일반적인 냄비와 압력솥의 차이

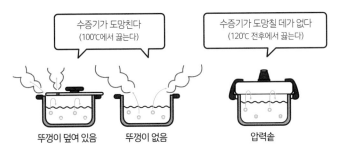

다. 또한 작은 생선을 가열하면 뼈까지 부드러워져서 통째로 씹어 먹을 수 있다. 찜 요리도 짧은 시간 만에 할 수 있다.

압력을 걸면 고온이 되는 이유

보통 냄비를 가열해도 안에 있는 수분은 100℃ 이상으로 오르지 않는다. 물은 100℃를 넘으면 끓어서 수증기가 되어 버리기 때문이다. 냄비 밖에는 대기압, 즉 1,013hPa만큼의 압력이 걸려 있다. 냄비 안이 수증기로 가득 차서 압력이 순간적으로 대기압보다 커지면, 수증기는 냄비 뚜껑을 살짝 들어 올리며 밖으로 나간다. 그런데 압력솥은 뚜껑이 딘딘히 짐겨 있기 때문에 수증기가 밖으로 도망치지 못한다.

　일정한 온도와 부피를 지니는 밀폐된 공간 안에 포함될 수 있는 수증기의 양에는 한계가 있다. 이러한 한계는 포화 수증기압이라는 수

그림 25-2 　온도에 따른 포화 수증기압 변화

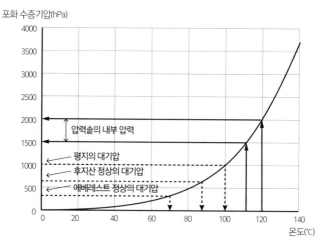

치로 나타낼 수 있으며, 온도에만 의존한다.

냄비 안에 있는 물에 1,013hPa의 압력이 걸려 있는 상태에서 물 내부에 작은 수증기 거품이 생겼다고 해보자. 그 거품 속 수증기의 포화 수증기압이 1,013hPa과 똑같다면, 거품은 물속에서 찌부러지지 않고 거품의 형태를 유지한다. 즉, 끓을 수 있다는 뜻이다. 1,013hPa의 포화 수증기압은 물의 온도가 100℃일 때 값이다. 그래서 물의 끓는점은 100℃인 것이다.

밀폐된 냄비 속에서 수증기의 압력이 오르면 끓는점이 오른다. 따라서 〈그림 25-2〉의 그래프는 '세로축의 값 = 액체 외부의 압력(보통은 대기압)'으로 '가로축의 값 = 그 기압이 되었을 때의 물의 끓는점'을 나타낸다고 볼 수도 있다.

고지에서는 압력솥이 필수품

표고가 높아지면 공기가 옅어지면서 대기압도 낮아진다. 밀폐된 봉지를 들고 높은 산을 오르면 봉지가 빵빵하게 부풀어 오른다. 봉지 안 기압은 약 1,000hPa인 채로 있지만, 높은 산 위에서는 주변 기압이 훨씬 낮아지기 때문이다. 예를 들어 후지산(3,776m) 정상의 기압은 약 638hPa이다. 그래서 봉지 안의 공기가 부풀어 오른다.

대기압이 낮아지면 물의 끓는점은 떨어진다. 후지산 정상에서는 약 87℃이며, 에베레스트 정상에서는 약 71℃다(그림 25-2). 그래서 3,000m를 넘는 높은 곳에서 사는 사람들은 요리할 때 압력솥을 사용한다. 보통 냄비로는 제대로 가열할 수 없기 때문이다.

압력솥을 쓸 때 주의사항

일반적인 압력솥은 압력 추의 상태를 봐가면서 불 조절을 해야 하므로, 조리할 때 방치할 수 없다. 반면에 전기 압력솥은 프로그램이 준비되어 있어서 내버려 둬도 알아서 압력을 조절하므로 매우 편리하다.

압력 조리 중에 평소보다 높은 압력이 걸려 있다는 점은 전기 압력솥도 똑같다. 만약 압력 조리 중에 뚜껑을 열면 뜨거운 수증기와 국물이 뿜어져 나오고, 뚜껑이 튕겨 나가는 사고가 일어날 수 있다. 또한 수분이 너무 적으면 수증기가 부족해 압력이 제대로 걸리지 않는다. 그래서 압력솥은 조림과 찜 요리에는 유용하지만, 볶음과 튀김 요리에는 어울리지 않는다. 또한 수증기가 충만해서 압력이 생기려면 공간이 필요하므로, 식품과 물은 정해진 양만큼만 넣어야 한다(그림 25-3).

그림 25-3   압력솥에 적합한 요리와 부적합한 요리

	종류	예시
압력솥에 적합한 요리	덩어리 고기를 사용한 요리	장조림, 수육
	뿌리채소를 사용한 요리	된장국, 무조림
	콩을 사용한 요리	콩조림, 콩밥
	국물이 많은 요리	스튜, 카레
	기타	고구마찜, 뼈째 먹는 생선 등

	종류	예시
압력솥에 부적합한 요리	씹는 식감이 중요한 요리	우엉조림, 잎채소 요리
	밥을 볶은 요리	볶음밥, 필래프
	면 요리	파스타
	튀김 요리	새우튀김, 돈가스

고압 증기 멸균기는 압력솥의 상위 버전

고압(증기)멸균기(autoclave)는 의료 시설과 생물학 실험실 등에서 사용하는 멸균 장치다. 압력을 올려서 물의 끓는점을 상승시키는 건 압력솥과 똑같다. 조리용 압력솥보다 더 높은 3,000hPa의 압력을 낼 수 있는 장치에서는 10분 정도의 짧은 시간에 멸균을 마칠 수 있다.[1]

---

1 조리용 압력솥의 뚜껑을 연 후 식품을 오랫동안 방치하면 부패할 수 있으므로 주의해야 한다.

26

300톤이나 되는
비행기를 들어 올리는 양력이란?

대형 여객기에 승객 500명과 짐을 실으면 질량은 300톤이나 된다. 이렇게 무거운 비행기가 전 세계의 하늘을 자유롭게 나는 비밀은 날개에 작용하는 양력이다.

슈퍼 태풍을 능가하는 바람의 힘

매우 강력한 태풍인 '슈퍼 태풍'에서는 70m/s의 바람이 분다. 이런 바람에는 철탑이 휘어지고 커다란 나무와 목조 건물이 쓰러지며 수많은 것들이 날아가 버린다. 이처럼 강한 바람, 즉 '빠른 공기의 흐름'으로 커다란 힘을 낼 수 있다는 사실은 쉽게 상상할 수 있다. 무게가 총 300톤이나 되는 대형 여객기는 상공 1만m에서 수평 비행할 때, 약 250m/s(900km/h)로 거의 등속 비행한다. 바람이 전혀 없는 곳에

그림 26-1

상공에서 수평 비행할 때 비행기에
작용하는 힘은 평형을 이룸

양력

중력

서 날고 있다고 해도, 비행기의 관점에서 보면 공기는 앞에서 뒤로 흘러가고 있다. 대형 여객기가 고속으로 비행하면 슈퍼 태풍을 능가하는 폭풍이 주날개에 부딪쳐서, 비행기의 중량을 지탱할 수 있는 커다란 양력이 발생한다. **양력은 비행기에 작용하는 중력과 평형을 이루며, 비행기가 낙하하지 않고 하늘을 나는 데 필요한 힘이다**(그림 26-1).

양력이 생기는 조건

라이트 형제가 1903년에 인류 최초로 유인 동력 비행에 성공한 후, 비행기에 관하여 다양한 연구가 이루어졌다. 비행기에는 크고 작은 다양한 형태가 있지만, 하늘을 날려면 반드시 날개가 있어야 한다. 극단적으로 말하면 그냥 평평한 나무판자도 날개로 쓸 수 있다. 공기 중을 나아갈 때 날개가 진행 방향에 대하여 비스듬히 위를 바라보는 각도(받음각)로 달려 있으면 양력이 생긴다. 받음각이 있으면 바람(공기의 흐름)은 아래 방향으로 방향이 바뀐다. 그 반작용으로 날개는 위쪽 방향의 힘을 받는데, 이것이 양력이다.

그림 26-2 **날개의 받음각과 공기의 흐름과 양력**

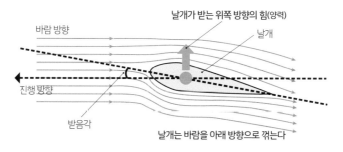

바람 방향

날개가 받는 위쪽 방향의 힘(양력)

날개

진행 방향

받음각

날개는 바람을 아래 방향으로 꺾는다

거대한 양력을 만드는 방법

받음각이 클수록 양력도 커지지만, 그렇다고 받음각이 너무 크면 안 된다. 날개 뒤에서 공기의 흐름이 심하게 어지러워져서 속도가 떨어지는 원인이 되기 때문이다. 비행기 날개의 각도는 어떤 상황에서도 양력이 생기도록 세심하게 계산되어 있다. 예를 들어 대형 여객기 '보잉 747'의 날개 각도는 전방을 향해 약 2도 위를 바라본다.

공기가 흐르는 속도가 빠르고 날개의 넓이가 넓을수록 양력이 커진다. 그러나 날개가 커지면 비행기가 무거워지므로, 날개의 강도도 고민해야 한다. 공기 흐름의 속도를 빠르게 만들기 위해, 다시 말해 빠른 속도로 비행하기 위해 제트 엔진이나 프로펠러 등을 사용한다.

날개의 형태도 중요하다. 양력이 크면서도 속도가 떨어지지 않는 날개를 만들기 위해 수많은 사람이 끊임없이 노력하고 있다.

긴장되는 이착륙

항공기 사고는 8할이 이착륙할 때 집중되어 있다고 한다.[1] 이착륙 시에는 속도가 느려서 양력도 작아진다. 자연히 부는 바람이 갑자기 바뀌면 중량이 있는 제트기는 양력이 급변하여 사고로 이어질 가능성이 있다.

이착륙할 때 효율적으로 양력을 얻을 수 있는 최적의 풍향은 맞바람이다. 예를 들어 대형 여객기는 이륙할 때 3,000m 정도의 활주로

---

1   항공안전네트워크(Aviation Safety Network) 조사결과에 따르면 세계에서 정기 항공편을 타고 사망 사고를 당하는 경우는 10만 편당 약 0.3건으로 대단히 낮은 확률이다.

를 가속하며 달려서 속도가 100m/s를 넘으면, 양력이 300톤보다 커져서 기체가 공중으로 뜬다. 이때 맞바람이 불면 날개에 대한 공기의 속도가 빨라지므로 활주 거리가 짧아진다.

대형 여객기가 이륙할 때를 보면 당연히 기수를 올리고 있는데, 실은 착륙할 때도 아주 약간 기수를 올린다. 속도가 느린 상태에서도 날개의 받음각을 크게 만들어서 양력을 얻기 위해서다. 또한 이착륙 시에는 날개 후방으로 플랩을 내리는데, 날개 면적을 넓힘과 동시에 날개의 휘어진 정도를 크게 만들어서 양력을 크게 받기 위해서다.

빛을 이용한 데이터 통신이
속도가 빠른 이유가 뭘까?

최근 인터넷 통신에 사용되는 광섬유는 과거의 전선에 비해 1,000배 이상 빠른 속도로 정보를 주고받을 수 있다.

디지털 통신의 기본은 2진법

다른 사람에게 '5'라는 정보를 전하고 싶을 때 우리는 소리 내서 말하기, 글자로 쓰기, 손 모양으로 나타내기(손가락 내밀기) 등 다양한 방법을 사용한다. 하지만 디지털 통신에는 청각도 시각도 손도 없으므로 이러한 방법을 쓸 수 없다. 디지털 통신에서 사용할 수 있는 것은 ON과 OFF라는 2가지 정보뿐이다. 그러므로 ON을 1, OFF를 0으로 나타내서 0과 1이라는 2가지 숫자만을 쓰는 **2진법**을 사용한다. 예를 들어 5라는 숫자를 나타낼 때는 5를 '4×1+2×0+1×1'로 분해해서 '101'이라는 정보로 변환해야 한다.[1]

전기 신호를 사용한 디지털 통신에서는 전류가 흐르는 상태를 1, 흐르지 않는 상태를 0으로 간주해서 ON과 OFF를 나타낸다. 반면에 광섬유에서는 빛이 켜져 있으면 1이고 켜져 있지 않으면 0이다. 데이

---

1   2진수로 나타낸 0 혹은 1이라는 숫자 하나를 '1비트(bit)'라고 하며, 8bit만큼의 정보를 1바이트(byte)라고 한다. 한 달에 3기가바이트(Gbyte)만큼 통신을 했다면, 0과 1을 대략 240억 개만큼 주고받았다는 뜻이다.

터를 대량으로 보내려면 1과 0이라는 정보를 되도록 빠르게 많이 전달할 수 있어야 한다.

통신 속도는 곧 전환 속도

빛은 1초에 지구를 7바퀴 반 돌 수 있을 정도로 빠르다. 그렇다고 이것이 광통신이 전기통신보다 1,000배나 빠른 이유는 아니다. 실은 빛의 속도는 전기 신호가 전달되는 속도보다 겨우 몇 배 더 빠를 뿐이다. 단순히 신호가 전달되는 속도만이 통신 속도에 영향을 준다면 광통신의 속도는 전기통신보다 몇 배밖에 되지 않았을 것이다.

빛을 사용한 통신이 빠른 이유 중 하나는, 빛은 0과 1의 전환이 전기보다 훨씬 빠르다는 것이다. 0과 1의 전환 속도는 주파수로 표현할 수 있는데, **빛이 깜박이는 주파수는 전기 신호의 100배 이상이다.**[2]

빛이 흩어지지 않으려면

빛에 의한 통신은 1880년에 알렉산더 그레이엄 벨(전화를 발명한 사람)이 처음으로 성공했다. 하지만 빛을 먼 곳까지 정확하게 보내는 기술이 없었기 때문에 바로 실용화하지는 못했다.

손전등을 켜 보면 가까운 곳은 밝게 비출 수 있지만, 먼 곳은 희미하게 보일 뿐이다. 이처럼 일반적인 빛에는 확산하는 성질이 있다(그림 27-1). 이를 해결하는 방법은 레이저를 쓰는 것이다. 레이저는 손전

---

2 전기 신호의 전환에는 $10^{-9} \sim 10^{-11}$초, 빛의 점멸에는 $10^{-12} \sim 10^{-14}$초 정도가 걸린다.

그림 27-1　빛의 확산

확산

강하다　약하다

확산

그림 27-2　광섬유의 전반사

굴절(전반사)

강하다　강하다

굴절(전반사)

퉁과 달리 꺼져 나가지 않고 똑바로 나아간다. 달에는 아폴로 계획 때 남겨 두고 온 신문지 크기의 반사경이 있는데, 캘리포니아의 천문대에서 그 거울을 향해 레이저를 쏘면 제대로 반사되어 돌아와 달과 지구 사이의 거리를 잴 수 있다.

하지만 레이저라고 해도 장애물을 뚫고 지나갈 수는 없다. 이를 해결한 것이 광섬유다. 빛은 어떤 물질 속을 나아가느냐에 따라 속도가 다르다. 빛이 지나가기 힘든 정도를 굴절률이라고 한다. 빛이 굴절률이 높은 물질에서 낮은 물질로 나아갈 때, 각도에 따라 마치 거울에 부딪친 것처럼 완전히 반사될 때가 있다. 바로 **전반사**다.

광섬유에서는 빛이 지나는 중심부에 굴절률이 높은 유리 등의 소재를 사용하고, 바깥 부분에 굴절률이 낮은 소재를 사용한다. 그럼으로써 빛이 중심부를 전반사하면서 나아갈 수 있다(그림 27-2). 이것이 빛을 이용한 통신이 빠른 두 번째 이유다.

제 **4** 장

전기와 가전제품에

· ·

넘쳐나는 물리

· ·

28

냉장고가 항상 차가운 원리는 뭘까?

냉장고는 우리 생활에서 빼놓을 수 없는 가전제품이다. 인류가 3000년 이상 이용해온 '기화열을 빼앗는' 원리를 응용한 제품으로, 에어컨 다음으로 전력 소비량이 많다.

무언가를 차갑게 만드는 고전적인 기술

외부에서 에너지를 투입하지 않아도 무언가를 아주 차갑게 만드는 방법이 있다. 무려 고대 이집트와 인도에도 이를 이용한 도구가 있었는데, 물이 증발할 때 주위에서 **기화열**(증발열)을 빼앗는 현상을 통해 내부를 차갑게 만드는 초벌구이 항아리다. 초벌구이 항아리는 다공성, 즉 작은 구멍이 아주 많이 뚫려 있기 때문에 벽면을 따라 끊임없이 물이 새어 나와 증발한다.

이러한 냉각법은 3000년도 더 전에 그려진 이집트 사원 벽화에서도 살펴볼 수 있는데, 그림 속 노예가 커다란 항아리를 넓은 부채로 부치고 있다.

옛날에는 얼음 상자가 냉장고였다

오늘날 대부분의 집에는 전기냉장고가 있지만, 얼음 냉장고와 전기냉장고가 일반 가정에서 쓰이기 시작한 것은 1950년대 중반부터다. 처음에는 얼음 냉장고가 주류였다(그림 28-1).

얼음 냉장고는 나무로 만들어진 상자로 문이 2개 달려 있었다. 윗부분에는 얼음덩어리를 넣고 아랫부분에는 식품을 넣어서, 얼음의 냉기로 식품을 차갑게 만드는 방식이었다. 문에는 코르크 등의 단열재를 넣기도 했다. 냉장고 안의 온도는 15℃ 전후였으며, 10℃ 이하로 낮추기는 어려웠다.

그림 28-1 **얼음 냉장고**

필자는 1960년대 초반부터 도쿄에서 살면서 얼음 냉장고를 써본 적이 있는데, 집 근처에 얼음 가게가 있었다. 이러한 얼음 냉장고는 대략 1960년대까지 쓰였지만, 1970년대 중반에는 전기냉장고가 빠르게 보급되기 시작했다. 그리고 1978년에는 냉장고 보급률이 99%에 달했다.

일반 가정에서 전기냉장고가 쓰이기 시작한 1950년대

전기냉장고 이전의 얼음 냉장고는 얼음이 녹아버리면 새 얼음을 사서 넣어야 했으며, 내부 온도도 그렇게까지 차갑지 않았다. 반면에 전기냉장고는 얼음을 번번이 바꿀 필요가 없었다. 게다가 온도도 훨씬 낮았기 때문에 냉동식품을 저장할 수 있으며 얼음도 만들 수 있어서 매우 편리했다.

전기냉장고는 가전제품 중에서도 역사가 오래되었는데, 19세기에 미국에서 발명되었다. 일본에서도 1930년에는 국내 생산이 시작되었다. 그러나 가격이 매우 비싸서 일반 가정에서 마련하기는 어려웠다.

전기냉장고가 가정의 필수품이 되기 시작한 것은 1950년대 중반쯤 부터다.[1]

전기냉장고가 차가워지는 원리

액체 상태의 물에 열을 가하면 기체인 수증기가 된다(기화). 반대로 기체 상태의 수증기가 액체인 물이 될 때는(응결) 주위에 열을 방출한다. 또한 기체를 압축하면 온도가 오르고(단열 압축) 팽창시키면 온도가 떨어지는데(단열 팽창), 냉장고도 이러한 현상을 이용한다.

전기냉장고는 물 대신에, 상온에서는 기체이고 압력을 가하면 액체가 되는 다른 물질을 사용한다. 이러한 물질을 냉매라고 한다. 과거에는 프레온을 냉매로 사용했지만, 프레온이 오존층을 파괴하는 원인이며 지구온난화를 일으키는 온실가스라는 사실이 밝혀지면서 쓰이지 않게 되었다. 현재는 냉장고 냉매로 아이소뷰테인과 사이클로펜테인 등의 탄화수소를 사용한다.

액체 상태인 냉매가 냉장고 내부의 열을 빼앗아 기체가 되면서 냉장고를 차갑게 만든다. 또한 압축기에서 냉매가 액체가 될 때 빼앗았던 열을 냉장고 바깥으로 내보낸다(그림 28-2).

냉장고는 가전제품 중에서 에어컨 다음으로 전력 소비량이 많다. 현재의 냉장고는 1990년대에 등장한 인버터 방식으로 압축기를 제

---

1 과거 일본에서 흑백 TV, 세탁기, 냉장고, 이 세 품목은 열심히 일하면 살 수 있는 제품이었으며, 새로운 생활의 상징이었다.

그림 28-2　냉장고가 차가운 원리

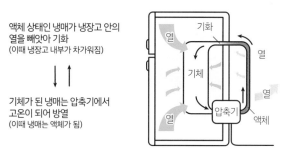

액체 상태인 냉매가 냉장고 안의
열을 빼앗아 기화
(이때 냉장고 내부가 차가워짐)

↓　↑

기체가 된 냉매는 압축기에서
고온이 되어 방열
(이때 냉매는 액체가 됨)

어한다. 그 이전에는 압축기의 모터를 돌리는 전압을 바꾸지 못했지만, 인버터 방식에서는 일단 교류를 직류로 만든 다음 모터를 돌리는 전압을 바꿀 수 있다. 그래서 필요에 따라 모터의 회전수를 조절함으로써 전기를 아낄 수 있다.

29

전자레인지 안에서는
왜 음식이 빙글빙글 돌아갈까?

전자기파가 물에 어떤 영향을 끼치는지 알아보자. 전자레인지를 사용할 때는 기존 조리법과의 차이를 이해해야 한다.

레이더용 장치를 가전제품으로 활용

전자레인지는 마이크로파라는 전자기파(전파)를 이용해 식품에 포함된 물 분자를 자극하여 가열하는 조리 기구다. 전자기파는 진공 속에서 1초에 30만km를 나아간다. 이 속도를 **광속**이라고 한다. 파동이 1초 동안 진동하는 횟수를 **진동수**라고 하며 헤르츠(Hz)라는 단위로 나타낸다.[1] 전자기파의 속도는 진동수와 상관없이 항상 광속이다. 또한 파동이 1회 진동하면서 나아가는 거리를 **파장**이라고 하며, 【광속 ÷진동수】로 나타낼 수 있다.

전자레인지에서는 진동수가 2.45GHz이고 파장이 12cm인 전자기파를 사용한다. 여기서 G는 기가라고 읽으며 10억(10^9)을 나타낸다. 즉 2.45GHz란 1초에 **24억 5,000만 번** 진동한다는 뜻이며, 이는 바꿔 말해 한 번 진동하는 데 408피코초(피코란 1조 분의 1, 즉 10^{-12}이다)가 걸린다는 소리다.

---

1 한 번 진동하는 데 드는 시간을 '주기'라고 한다. 주기는 '진동수'의 역수다.

전자레인지에서는 마그네트론이라는 진공관을 이용해 진동수가 2.45GHz인 전자기파를 만들어낸다. 이는 원래 레이더 개발용으로 고안된 장치였다.

전자기파 에너지가 열이 된다

이제 전자기파로 음식을 데우는 원리를 살펴보자. 간단하게 말하면 〈그림 29-1〉에 나온 것처럼 '물 분자가 전자기파에 의해 떨려서 데워진다'고 할 수 있지만, 본질은 대단히 심오하다.

물 분자는 H_2O, 다시 말해 산소 원자 1개와 수소 원자 2개가 결합해서 이루어진다. 이 중에서 산소 부분은 음전하를 띠고 수소 부분은 양전하를 띤다. 전자기파는 전기적인 진동이므로 이러한 전하의 치우침에 영향을 끼칠 수 있는데, 구체적으로는 산소 원자에 대한 수소 원자의 위치를 움직일 수 있다. 이는 분자의 '회전'이라고 볼 수도 있으며, 열의 근원이 된다.

그림 29-1 **전자레인지의 원리**

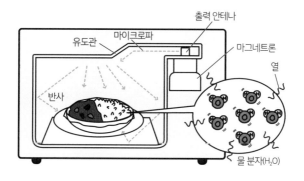

그림 29-2

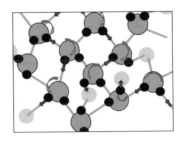

물의 특이성

사실 물 분자 하나만으로는 전자기파가 열로 바뀐다는 실험 결과를 제대로 설명하지 못한다. 액체 상태의 물은 분자끼리 강한 상호작용을 하면서 운동한다. 이 상호작용은 수소 원자가 이웃한 산소 원자로 옮겨가면서 생겨난다. 따라서 전자기파에 의해 물 분자가 움직이는 모습은 '한 분자 내부에서의 운동'이라기보다, 여러 분자 집단에서 수소 원자가 위치를 바꾸면서 H_2O라는 분자의 '수지를 맞추고 있다'고 보는 편이 실제와 가까울 것이다.

일본의 '분자과학연구소'는 액체 상태의 물을 구성하는 물 분자 모습을 컴퓨터로 시뮬레이션한 동영상을 게재(https://www.ims.ac.jp/public/vlibrary.html)했는데, 동영상에서 물 분자는 가운데에 산소 원자가 있고 양 끝에 수소 원자가 달린 꺽쇠 모양이다. 이 물 분자 집단이 격하게 움직이면서 수소 분자를 주고받는 상호작용을 하고 있다.

이러한 모습을 〈그림 29-2〉에서 확인할 수 있는데, 분자가 회전하는 양상(둥근 화살표)과 수소 원자(검은 구슬)가 옮겨 다니는 모습(곧은 화살표)을 도식적으로 나타낸 것이다. 물 분자가 회전하려 해도 분자 사이에서 움직이는 수소 원자 때문에 방해받고 만다. 이러한 '수지 맞추기'에 시간이 걸리고[2] 자꾸 지체되다 보니, 결과적으로 전자기파의 에너지가 분자 집단의 불규칙한 운동으로 변하고 만다. 이것이 전자기파 에너지가 '열로 바뀌는' 현상의 실태다.

파동이기에 생기는 불균형

전자레인지 안에서 12cm라는 파장은 참 미묘한 수치다. 파동의 정점(진폭이 큰 점)과 마디(진폭이 0인 점)가 파장의 4분의 1인 3cm 간격으로 생기는데, 진폭의 크기에 따라 데워지는 정도가 다르다. 그래서 크기(길이)가 수 cm인 식품을 전자레인지로 가열하면, 잘 데워지는 부분과 그렇지 않은 부분이 생겨 열이 불균일해진다. 이를 보완하기 위해 전자레인지 안에는 회전하는 판이 있어서 음식을 돌리면서 가열한다.[3]

그러나 열의 불균형을 완전히 없애기는 어렵다. 냉동식품 등을 가열하면 부분적으로 차갑거나 미지근한 부분이 생길 수밖에 없다. 이렇게 세균이 번식하기 쉬운 '미지근한' 영역이 만들어지면 음식이 쉽게 상하기도 한다. 따라서 전자레인지로 가열한 냉동식품은 오래 두지 말고 빨리 먹어야 한다.

---

2 수지 맞추기에 걸리는 시간은 평균적으로 40피코초 정도인데, 이는 전자기파 주기보다 짧지만 개중에는 따라가지 못하는 부분이 있어 열의 발생을 유발한다

3 마이크로파의 출구에 금속판 프로펠러를 두어서 파동 자체를 이리저리 발사하는 제품도 있다. 이런 제품은 내부에 음식이 돌아가는 판이 없다.

찌기, 삶기, 조리기

음식을 전자레인지로 데우는 일은 '찜'과 비슷하지만, 일반적인 찜과 달리 전자레인지는 식품 자체에 포함된 수분을 사용한다. 이에 더해 전자레인지는 '삶기', '조리기'의 요소도 포함한다.

따라서 전자레인지를 사용할 때는 딱딱한 식자재를 부드럽게 만들어주며, 물에 잘 녹는 영양분이 잘 손실되지 않는다는 특징을 활용한 요리를 만들면 좋다. 예를 들어 양배추 심, 호박 껍질, 로마네스크 브로콜리 줄기 등을 사용한 맛있는 요리를 생각해볼 수 있다. 또한 전자레인지로 냉동식품을 해동할 때가 많은데, 해동한 다음 그대로 먹을지 다른 요리의 재료로 사용할시에 따라 가열 시간을 잘 조절해야 한다.

30

친환경 온수기는 물을 어떻게 데울까?

대기의 열을 이용해 물을 데우는 친환경 기술이 개발되었다. 예전에 사용했던 프레온이 오존층을 파괴하는 원인으로 밝혀져 더는 쓸 수 없기 때문이었다.

친환경 온수기 구조는 냉장고와 똑같다

온수기란 물에 열을 가해 뜨겁게 만드는 장치다. 차가운 물체에 열을 가하려면 열을 만들어 내거나 다른 곳에서 가져와야 한다. 예를 들어 **히트펌프**는 인공적으로 열을 이동시키는 시스템이다(그림 30-1). 이

그림 30-1 **히트펌프**

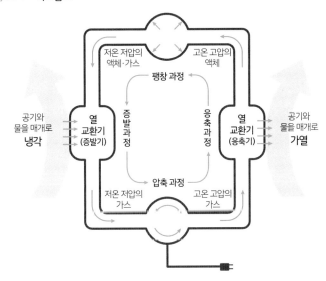

135

시스템에서는 냉매가 이동하면서 열을 전달한다.

기체를 식히면 액체가 되고 액체를 데우면 기체가 된다. 또한 차가운 물체와 뜨거운 물체가 가까이 붙어 있으면, 뜨거운 것에서 차가운 것으로 열이 이동한다. 이러한 원리를 이용하여 공기나 땅속의 열을 액체 상태의 냉매에 전달하면, 냉매가 데워져서 기체가 된다. 이 냉매가 받은 열을 물을 데우는 데 쓰는 것이다.

하지만 이 방법으로는 냉매를 공기 온도와 비슷한 정도까지만 데울 수 있으며, 그 정도 열로는 물을 아주 뜨겁게 만들지 못한다. 그래서 장치가 하나 더 필요하다.

보일의 법칙에 따르면 기체의 압력과 부피의 곱은 절대온도[1]에 비례한다. 따라서 부피가 같더라도 압력이 오르면 온도도 오르며, 압력이 떨어지면 온도도 떨어진다. 이를 이용해 공기 중의 열에 의해 데워진 냉매를 압축하여 고온으로 만들면, 물을 뜨겁게 데울 만큼의 열을 낼 수 있다.

일반적인 온수기는 전기와 가스를 이용해 직접 열을 만들어서 물을 데우지만, 히트펌프를 이용하면 전기와 가스 소비량을 3분의 1 정도로 줄일 수 있다. 물론 바깥 기온이 높을수록 냉매가 더 잘 데워지므로 효율이 높아진다.

히트펌프는 온수기와 난방처럼 무언가를 따뜻하게 데울 때뿐만 아

---

1 절대온도는 섭씨온도(℃)에 약 273도를 더한 값으로, 보통 T로 나타낸다. 개별적인 물질의 특성에 의한 온도가 아니라, 열역학 법칙을 통해 이론적으로 정해진 온도다.

니라, 냉장고처럼 물체를 차갑게 만들 때도 쓸 수 있다. 냉장고의 목적은 내부의 열을 흡수하여 밖으로 방출하는 것이다. 그러므로 냉매를 팽창시켜서 온도를 낮춰서 차가운 액체 상태의 냉매를 만들어내면 된다.

이산화탄소를 냉매로

옛날에는 냉장고와 에어컨의 냉매로 프레온을 사용했다. 히트펌프가 작동하려면 냉매의 압력을 조절해야 한다. 프레온은 10기압으로만 압축하면 충분하고 불연성인 데다 화학적으로 안정적이기에 매우 이상적인 냉매라고 할 수 있었다. 하지만 프레온이 오존층을 파괴한다는 사실이 밝혀지면서 쓰이지 않게 되었다.

그래서 자동차용 에어컨을 개발하던 연구자들이 프레온을 대체할 냉매를 찾아본 결과, 이산화탄소에 주목했다. 이산화탄소는 지구온난화에 끼치는 영향이 프레온의 8,100분의 1이고 오존층을 파괴하지 않으며 불연성이다. 즉, 만약 새어 나가더라도 프레온보다 압도적으로 안전성이 높다는 뜻이다. 게다가 공장 등에서 발생하는 이산화탄소를 이용하므로 대단히 친환경적이라고 할 수 있다.

초임계 유체로 만들어 사용

프레온을 이산화탄소로 대체할 때 가장 큰 문제점은 압력의 크기였다. 이산화탄소는 쉽게 액체가 되지 않는다. 그래서 100기압이나 되는 압력을 가해 초임계라는 상태로 만든다. 초임계란 액체와 기체가

구별되지 않는 상태로, 열 교환 효율이 대단히 높다는 특징이 있다.[2]

1기압은 1cm² 면적에 1kg의 무게가 걸린 상태와 같다. 새끼손톱이 대략 1cm² 정도이니 100기압의 압력을 만들어내는 일이 얼마 어려운 일인지 알 수 있다. 그래서 자동차용 에어컨을 개발하던 연구자들은 이 기술을 자동차가 아니라 온수기에 적용하여 실용화했다. 자동차에는 그만한 장비를 다 실을 수 없기 때문이었다.

---

2 초임계 유체가 된 이산화탄소는 화학 반응을 잘 일으키지 않고 독성이 없으며 불에 타지 않고 물질을 녹인 후에 상온·상압으로 만들면 기체가 되어 날아간다. 또한 재료인 이산화탄소 자체가 비교적 싸게 구할 수 있는 물질이다. 그래서 금속 표면 도금 작업이나 의약품과 화장품 제조에도 활용되고 있다.

31

어떻게 인덕션 레인지에서
질냄비를 쓸 수 있는 것일까?

예전에는 인덕션 레인지에서 금속 용기만 쓸 수 있었지만, 최근에는 사용할 수 있는 냄비의 종류
가 늘었다. 냄비가 뜨거워지는 원리를 살펴보면서 인덕션 레인지가 어떻게 진화했는지 알아보자.

부엌에서 일어난 불의 혁명

예전에는 냄비를 데우려면 외부에 '불'이나 '뜨거운 부분'을 만들어
서 열을 냄비로 옮겨야 했다. 이 전통적인 방법을 깬 것이 바로 인덕
션 레인지다.[1] 〈그림 31-1〉처럼 인덕션 레인지의 냄비 바닥과 가까운

그림 31-1   **인덕션 레인지의 구조**

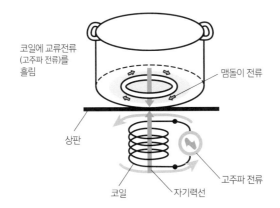

코일에 교류전류
(고주파 전류)를
흘림

맴돌이 전류

상판

코일   자기력선

고주파 전류

---

1   전자기 유도(Electromagnetic Induction) 현상을 이용한 조리기구라서 인덕션(Induction) 레인지
라고 부른다.

부분에 있는 코일에 전류를 흘려서 발생하는 자기장을 이용해 냄비를 가열한다. 이를 **전자기 유도**라고 한다.

전자기 유도가 마법 같다고?

'전자기 유도'는 어려운 개념이 아니다. 〈그림 31-2〉처럼 위에 있는 금속 고리에 자석을 가까이 댔다가 멀리 떨어트렸다 하면, 혹은 전자석에 전류를 흘렸다가 말았다 하면 금속 고리에 전류가 흐른다. 여기서 자기장을 변화시켰다는 점이 중요하다. 이러한 전자기 유도는 공간상 떨어져 있더라도 자기장을 나타내는 '자기력선'에 의해 금속 고리에 전류가 흐르는 현상으로 설명할 수 있다. 인더션 레인지에서는 냄비의 밑바닥이 금속 고리에 해당한다. 이때 냄비 밑바닥에 발생하는 전류는 꼭 원형인 것은 아니지만, 이미지상 맴돌이 전류라고 부른다. 이 맴돌이 전류가 흐르면 금속 내부의 전기 저항 때문에 열이 나면서 냄비가 뜨거워진다.

그림 31-2 **전자기 유도의 원리**

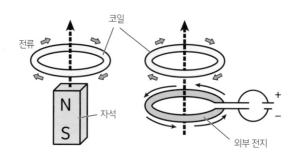

투자율이 낮은 스테인리스를 쓸 수 있을까?

전자기 유도에 의한 맴돌이 전류는 냄비를 이루는 금속이 자기장을 통해 자기화해야 발생한다. 이렇게 금속이 자기화하는 정도를 '투자율'이라고 한다. 투자율이 높은 금속에는 자석이 잘 달라붙으므로, 인덕션 레인지에는 자석이 잘 붙는 냄비를 쓰면 된다. 자석이 잘 붙는 대표적인 금속으로는 철이 있다. 철을 포함한 합금인 스테인리스는 투자율이 낮으므로 불리하지만, 전기 저항은 큰 덕분에 쉽게 뜨거워지므로 단정하기 어렵다. 실제로 인덕션 레인지에 쓸 수 있는 스테인리스 냄비도 있으니, 제품설명을 잘 보고 쓰도록 하자.

구리와 알루미늄은 어떨까?

구리와 알루미늄 냄비는 투자율이 낮은 데다 전기 저항도 작아, 예전에는 인덕션 레인지에서 쓸 수 없었다. 그러다 최근 높은 주파수를 사용하는 인덕션 레인지가 나에오면서 구리와 알루미늄 냄비도 쓸 수 있게 되었다.[2]

주파수가 높아지면 '표피 효과'로 인해 변화하는 자기장이 금속 내부로 잘 들어가지 못한다. 대신에 표면 근처에 자기장이 집중하면서 격하게 변화하므로, 결과적으로 냄비가 잘 데워진다. 이처럼 높은 주파수를 사용하는 인덕션 레인지에서는 예전보다 다양한 냄비를 쓸 수 있다.

---

2 매초 6만 번의 진동을 가한다.

질냄비는 어떨까?

최근에는 인덕션 레인지에서 쓸 수 있는 질냄비 제품도 나와 있다. 물론 순수한 질냄비는 금속 부분이 없어서 쓸 수 없다. 인덕션 레인지용 질냄비에는 은으로 이루어진 얇은 막이 있어서 이를 가열하는 방식이다. 철이 아니라 은을 쓰는 이유는 질냄비에 잘 달라붙고 뜨거워져도 질냄비가 잘 깨지지 않기 때문이다.

32

LED 조명은 왜 전기료가 쌀까?

LED는 무수은, 저탄소 등 친환경성과 에너지 절감 효과 때문에 차세대 조명으로 각광받고 있다.
LED가 빛나는 원리와 특징, 그리고 향후 과제는 무엇인지 살펴보자.

형광등 안에서 부딪치는 전자와 원자

형광등 안에는 수은 가스가 들어 있다.[1] 전극에서 방출된 전자가 수은 분자와 충돌하면 전리(이온화) 현상이 일어난다. 이온화한 수은에는 전자가 다시 돌아오는데, 이를 탈이온화라고 하며 그 순간에 자외선이 발생한다. 하지만 자외선은 인간의 눈에 보이지 않으므로, 이대

그림 32-1   **형광등이 빛나는 원리**

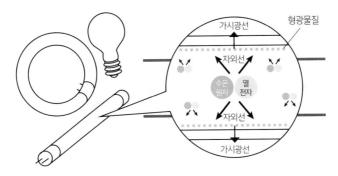

---

1   유해한 수은 사용을 제한하는 국제 조약 '미나마타 협약'에 의해, 일본은 2020년 12월 31일 이후로는 고압 수은 램프의 제조, 수출, 수입이 금지된다. 우리나라는 2020년 2월부터 발효되었다.

로는 조명으로 이용할 수 없다. 그래서 형광등 내부에 형광물질을 칠해둔다. 자외선이 형광물질과 만나면 가시광선이 발생해서 밝게 빛나기 때문이다. 이처럼 형광등이 하얀 이유는 내부에 칠한 형광물질 때문이다(그림 32-1).

LED의 원리

LED[2]는 N형과 P형이라는 2종류의 반도체를 합쳐서 전류를 직접 빛으로 변환한다. N형 반도체는 전자가 많으며, P형 반도체는 전자가 부족해서 양공(구멍)이 많다. 두 반도체 사이에는 장벽이 있지만, 전지를 연결하여 일정 이상의 전압을 가하면 장벽이 사라진다. 그러면 전자가 구멍으로 들어가서(결합) 에너지를 방출하며 빛을 낸다(그림 32-2). 그리고 전지는 반도체에 계속 음전하와 양전하를 공급한다.

그림 32-2　**LED가 발광하는 원리**

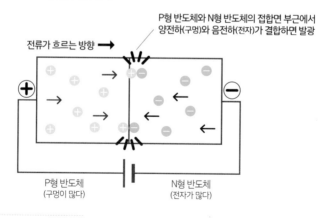

전류가 흐르는 방향 ➡

P형 반도체와 N형 반도체의 접합면 부근에서 양전하(구멍)와 음전하(전자)가 결합하면 발광

P형 반도체
(구멍이 많다)

N형 반도체
(전자가 많다)

2　발광 다이오드(Light Emitting Diode)의 약어다.

LED가 내는 빛의 색은 반도체의 소재(원소)에 따라 다르다. 예를 들어 빨간색은 알루미늄과 갈륨과 비소, 노란색은 알루미늄과 인듐, 파란색[3]은 인듐과 질화갈륨 등의 결정을 반도체로 사용한다.

흰색 빛을 만드는 방법은 2가지가 있다. 우선 첫 번째 방법은 빛의 삼원색(빨강, 초록, 파랑 = RGB)을 섞어서 흰색으로 만드는 멀티칩 방식이다. 이 방법은 각 색깔의 칩에 전원회로를 달아서 발색과 배색 균형을 맞춰야만 하는 등 상당히 번거롭다. 그래서 두 번째 방법인 청색 LED의 빛을 황색 형광물질에 쪼여서 백색광을 만드는 원칩 방식이 개발되었다.

최근에는 크루무스(CI_MS.) 형광체[4]와 보라색 LED의 빛을 섞어서 흰색 빛을 만드는 방법이 개발되어, 기존 LED의 단점이었던 눈부심을 10분의 1로 줄였다. 게다가 빛이 내리쬐는 조사 범위도 넓고 부드러운 빛을 만들어내기에, 실내조명뿐만 아니라 자동차 헤드라이트나 영화 촬영용 조명 등에도 쓰이고 있다.

수명이 길다

LED 조명의 정격 수명[5]은 약 4만 시간이다. 이는 형광등의 약 4~6

---

[3] 청색 LED 실용화에 공헌한 아카사키 이사무, 아마노 히로시, 나카무라 슈지는 2014년에 노벨 물리학상을 받았다. 이 기술은 백색광을 실현했을 뿐만 아니라, 청자색 레이저를 이용한 블루레이 디스크의 대용량화(CD 35장, DVD 5장만큼의 용량)를 이루었다.

[4] 크루무스 형광체는 코이토 제작소가 도쿄 공업대학 및 나고야 대학과 공동으로 개발한 '자색광을 90% 이상 황색광으로 변환할 수 있는 신물질'이다. 조개껍데기, 뼈, 암석, 소금 등에 포함된 산화물이 주성분이다.

[5] 규정 조건으로 시험했을 때의 평균 수명을 말한다. 사용 조건과 종류에 따라 달라진다.

배, 백열전구의 20~40배나 된다. 각각을 매일 10시간씩 쓴다고 하면 백열전구는 3~6개월, 형광등은 약 3년, LED는 약 11년 쓸 수 있다. 따라서 LED 조명을 사용하면 전구를 교환하는 빈도를 대폭 줄일 수 있다.

발광 효율과 전기료

LED는 발광 효율이 높다. 다시 말해 백열전구와 형광등과 똑같은 밝기로 빛나더라도 전기 사용량은 적다. 예를 들어 60W형 백열전구의 소비전력은 54W 정도인데, 똑같은 밝기의 LED 전구의 소비전력은 고작 7~10W다. 열도 덜 나서 전기를 낭비하지 않는다.

백열전구, 형광등, LED를 각각 1년 동안 사용했을 때의 전기료를 저렴한 순으로 나열해보면 ①LED 551엔, ②형광등 867엔, ③백열전구 4,257엔이라서 LED가 가장 알뜰하다.[6]

LED의 향후 과제

실용성 폭이 넓어진 LED도 아직 과제는 남아 있다. 예를 들어 LED는 수은 가스를 사용하지 않지만, 반도체 자체에 비소와 갈륨 등의 유해 물질이 포함되어 있다. 앞으로 LED의 수명이 다하기 전에 폐기 방법을 검토해야 한다. 또한 LED는 발열량이 적다 보니 추운 지역에서는 LED 신호등 표면에 쌓인 눈이 녹지 않아, 신호가 보이지 않는

---

6 백열전구와 형광등과 LED의 소비전력이 각각 54W, 11W, 7W이고 하루에 8시간씩 사용하며 1kWh당 27엔이라고 가정하여 계산했다.

다는 사례도 있다.

　LED가 내는 블루라이트(청색광)가 눈 건강을 해친다는 말도 있다. 다만 아직까지 청색광이 눈에 나쁜 영향을 미친다는 과학적인 근거나 의학적 데이터가 없는 상황이다. 청색광은 가시광선에 포함되는 일반적인 빛이며 자외선이 아니다. 백열전구, 형광등, 태양의 빛에도 청색광이 포함되어 있다. 청색광이 위험하다면 맑게 갠 날에 산책해서는 안 될 것이다. 다만 어떠한 빛이라도 오랜 시간 동안 계속 본다거나 어두운 곳에서 자꾸 보면 눈 건강을 해칠 우려가 있다.

33

사람 몸에서 전자기파가 나온다는 게 사실일까?

사람 몸에서는 전자기파가 나오는데, 이를 이용한 장치도 있다. 인체에서 적외선이 나오는 이유
와 센서의 원리 등을 알아보자.

인체는 열원이다

사람의 체온은 일반적으로 36℃에서 37℃ 정도인데, 엄밀하게 말하
면 이는 심부 온도고 피부 표면의 온도는 부위에 따라 다르다.[1] 대략
적인 평균은 33℃ 정도라고 볼 수 있고, 절대온도[2]로 나타내면 306
도(306K)다. 인체는 온도가 306K인 발열체라고 볼 수 있으며, 인체의
열에너지는 적외선이라는 전자기파의 형태로 몸 표면에서 밖으로 방
출된다.

적외선의 발견

사람은 적외선의 존재를 본능적으로 알고 있다. 바로 '따스함'이라는
형태로 말이다. 1800년에 윌리엄 허셜(William Herschel)은 실험을 통
해 명확하게 적외선을 관측했다. 참고로 전자기파는 이보다 상당히

---

1 사람의 심부 온도와 표면 온도의 차이에 관해서는 21번(98쪽) 참조.
2 136쪽 참조.

오랜 시간이 지난 후에 발견되었다.[3] 천문학자이자 물리학자였던 허셜은 프리즘으로 햇빛을 색깔별로 분해하는 실험을 했는데, 이때 빨간색 바깥쪽의 색이 없는 부분에 온도계를 대자 색깔이 있는 곳보다 훨씬 온도가 높다는 사실을 발견했다.

적외선의 종류

적외선은 파장이 0.78μm부터 1,000μm 사이에 있는 눈에 보이지 않는 전자기파다. μm는 '마이크로미터'라고 읽으며 1mm의 1,000분의 1이다. 파장이 100μm인 파동의 진동수는 매초 3조 회이며, 이는 3테라헤르츠(THz)라고 나타낼 수 있다.[4]

이러한 범위 중에서도 파장이 4~1,000μm이면 **원적외선**, 2~4μm이면 **중적외선**, 0.78~2μm이면 **근적외선**이라고 한다. 적외선 범위의 끄트머리에 있는 0.78μm보다 조금 더 짧은 0.60~0.76μm의 빛은 **빨간색**이다.[5]

인체가 발하는 적외선

306K의 발열체인 인체는 파장이 16μm 정도인 원적외선을 방사한다. 이 적외선의 근원은 피부를 이루는 분자의 진동이다. 실제로 우리 몸을 이루는 단백질 등의 탄화수소 내에서 탄소 원자와 수소 원

---

3 15쪽 참조.
4 테라(T)는 1조, 즉 1012를 뜻한다.
5 경계선은 명확하지 않다. 경계 부근의 빛(색)이 어떻게 보이느냐는 개인차가 있다.

자를 결합하는 '끈'이나, 물 분자 내에서 산소 원자와 수소 원자를 결합하는 '끈'이 늘어났다 줄어드는 진동수가 19THz라서, 이와 상호작용하는 전자기파의 파장과 잘 대응한다.

우리 몸이 적외선을 만들어 방출하는 데 필요한 에너지원은 바로 식사다. 인체 표면에서 적외선의 방출로 인해 쓰이는 에너지는 사람 몸의 표면적을 $2m^2$라고 한다면 매초 120J이다. 이는 120W의 열원이라는 뜻이다. 이러한 열원을 유지하려면 외부 기온과의 온도 차를 10℃라고 할 때 하루에 1만 400kj의 에너지가 필요하다. 이는 우리가 하루에 섭취하는 2,500kcal의 열에너지 내에서 충당한다. 인체 또한 에너지 보존 법칙을 따르고 있는 것이다.

적외선 센서

인체에서 나오는 적외선을 감지하는 센서는 크게 2종류가 있다. 하나는 적외선에 의해 생기는 온도 상승을 측정하는 센서이다. 다양한 파장의 적외선을 감지할 수 있지만 감도는 그리 높지 않다. 또 하나는 적외선에 의한 전자의 상태 변화를 감지하는 센서이다. 좁은 파장 범위 내에서 감도가 좋고 방향도 잘 알아낸다.

〈그림 33-1〉은 센서에 포함되는 반도체의 모식도. 반도체 안에는 음의 전하를 지닌 전자로 가

그림 33-1   **센서에 포함된 반도체**

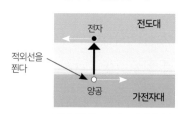

적외선을 받으면 반도체 내에서 음전하를 지닌 전자가 움직인다. 양전하를 지닌 '양공'도 반대 방향으로 움직인다.

득한 가전자대와 (전자가 존재할 수 있지만) 비어 있는 전도대가 있다. 반도체가 적외선을 쬐면 가전자대에서 전도대로 전자가 이동하고, 가전자대에는 전자가 빠진 구멍인 '양공'이 생긴다. 양공은 양전하를 띠며, 전자와 양공의 (서로 역방향의) 흐름이 외부에 전류를 흘린다. 이 전류를 측정함으로써 적외선이 있다는 사실을 감지할 수 있다.

적외선 열화상 카메라

평면상에 단위 센서를 잔뜩 늘어놓고 어느 방향에서 어떤 파장의 적외선이 오는지 보면 '광원'의 온도 분포를 알 수 있다. 이를 화상 처리 기술로 평면상에 표시하면 열원의 온도 분포를 상세하게 조사할 수 있다. 이런 장치를 적외선 열화상 카메라라고 한다.

34

OLED는 뭐가 대단한 걸까?

휴대전화와 TV 중에는 OLED를 사용한 제품이 있다. OLED의 특징은 얇고 가벼우며 표현력이
풍부하다는 점이다.

OLED란 무엇일까?

유기 발광 다이오드(Organic Light Emitting Diode, OLED)는 유기 전계
발광 현상을 이용하여 빛을 낸다. 발광 현상, 즉 빛을 내는 현상은 원
리에 따라 몇 가지 종류로 나눌 수 있다.

예를 들어 파티나 콘서트에서 사용하는 형광봉(케미컬 라이트)은
똑 부러뜨리면 빛나는데, 이는 **화학발광**에 의한 빛이다. 형광봉을 부
러뜨리면 안에 있는 물질과 과산화수소(산화제)가 섞여서 화학 반응
이 일어난다. 이때 화학 반응 에너지로 들뜬상태(고에너지 상태)가 된
형광물질이 바닥상태(원래의 안정된 에너지 상태)로 돌아갈 때, 여분의
에너지를 빛이라는 형태로 방출한다(그림 34-1).[1]

자연 속의 반딧불이는 아데노신삼인산(ATP)의 에너지와 루시페레
이스라는 효소를 이용하여 루시페린을 분해해서 들뜬상태의 산화
루시페린을 만든다. 이것이 다시 원래 상태로 돌아올 때 황록색 빛이

---

1 빛이 지닌 에너지는 【플랑크 상수×파장】으로 나타낼 수 있으며, 에너지를 빛의 형태로 방출
할 때는 이에 상응하는 파장의 빛을 낸다.

그림 34-1　화학 반응으로 발광하는 원리

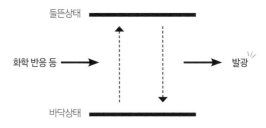

난다. 이는 생물발광이라고 불리는데, 넓은 의미로는 화학발광의 일
종이다.

유기 전계발광이란 무엇일까?

전계발광이란 형광물질에 전압을 가했을 때 빛이 나는 현상으로, 전
기를 빛으로 바꾸는 과정에서 열이 거의 나지 않는다. 형광등과 LED
도 전계발광 현상을 이용한 물건이다.

　전계발광의 발광체로 **유기화합물**을 이용하면 유기 전계발광이라고

그림 34-2　유기 전계발광의 원리

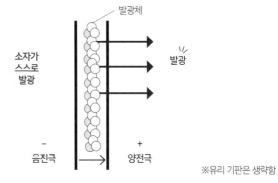

※유리 기판은 생략함

한다. 유기 전계발광은 전류에 의해 들뜬상태가 된 유기화합물(발광층)이 원래 상태로 돌아올 때 방출하는 에너지로 발광한다(그림 34-2). 어찌 보면 유기 전계발광이란 인간이 만들어낸 반딧불이라고 할 수 있다.

놀라운 두께와 풍부한 표현력

OLED는 재료인 유기화합물을 투명한 기판 위에 얇게 칠한 것으로, 두께가 1만 분의 1mm밖에 되지 않는다. 2007년 가을에 소니가 출시한 OLED TV는 가장 얇은 부분이 3mm로, 두께 중 대부분은 발광층을 보호하기 위한 유리 기판이 차지한다. 이는 LCD와 달리 백라이트가 필요 없기에 실현할 수 있는 두께다. OLED는 임의의 파장으로 빛을 낼 수 있어 표현할 수 있는 색의 범위가 넓으며, 발광을 멈춤으로써 또렷한 검은색도 만들 수 있다.[2]

또한 시야각이 넓어서(거의 180도) 비스듬히 옆에서 바라봐도 영상이 깨끗하게 보인다. 발광 응답속도가 빠르고 소비전력이 작으며, 매우 얇아서 변형하는 필름 위에서도 영상을 표시할 수 있다.

---

2 2007년 가을에 발표된 소니 TV 관련 정보를 기준으로, LCD의 명암비는 1000:1인 데 비해 OLED는 100만:1이다.

OLED 조명

OLED를 이용하면 천장이나 벽면 전체가 빛나는 대규모 조명을 만들 수 있다. 자연광과 비슷해서 눈이 편안하며, 가볍고 얇아서 형태를 자유롭게 설계할 수 있다. 하지만 경쟁 상대인 LED 조명이 발광 효율과 비용 절감 면에서 계속 발전하고 있는데 비해, OLED 조명은 현재까지 시장 확대가 잘 이루어지지 않고 있다.[3]

---

3 이는 수명(내구성)과 발광 효율, 가격 경쟁력 면에서 LED 조명에 미치지 못하기 때문이다. 발광 효율이 높고 내구성이 좋은 재료 개발이 진행되고 있기에, 앞으로를 기대해볼 만하다.

제 5 장

안전한 생활에

넘쳐나는 물리

35

현수교가 무너질 때 무슨 일이 일어날까?

1940년 미국 워싱턴주 터코마에서 1.6km나 되는 거대한 현수교가 무너졌다. 동영상도 남아 있어서 아주 유명한 사건인데, 원인은 바람에 의한 진동이었다.

흔들림의 기본

규칙적인 흔들림을 **진동**이라고 한다. 다음의 이미지를 머릿속에 떠올려보자. 축에서 늘어뜨린 실 끝에 달린 추가 왕복 운동을 하는 진자(흔들이)다.

진자를 흔들면 규칙적인 왕복 운동을 시작한다. 이때 1초 동안 왕복한 횟수를 **진동수**라고 하며, 한 번 왕복하는 데 걸린 시간을 주기라고 한다. 진동수와 **주기**는 진동의 특징이라고 할 수 있는 값이다.

그네의 흔들림

진동의 대표적인 사례로 그네를 들 수 있다(그림 35-1). 그네를 탈 줄 모르는 어린아이가 그네에 앉아 있다고 해보자. 이때 뒤에서 그넷줄을 밀어준 다음에 가만히 내버려두면 그네는 몇 번 흔들리다가 곧 멈추고 만다. 마찰력과 공기 저항이 작용하기 때문이다. 하지만 매번 아이의 등을 밀어주면 그네는 멈추지 않을 뿐만 아니라 움직임이 더 커지기도 한다.

그림 35-1 　그네

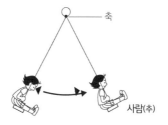

공진 현상이란?

눈에 보이지 않는 원자부터 고층 빌딩에 이르기까지 모든 물체에는 진동이 잘 일어나는 고유진동수[1]가 있다. 고유진동수와 똑같은 진동수를 지닌 흔들림을 외부에서 가하면 물체가 진동하기 시작하는 현상을 **공진**(혹은 공명)이라고 한다. 공진이 시작되면 외부에서 들어오는 에너지를 흡수하여 진동의 세기(진폭)가 점점 커진다. 우리가 그네를 밀었을 때 흔들림이 점점 커지는 것도 같은 현상이다. 그런데 이런 식으로 에너지를 계속 가하다 보면 짧은 시간 만에 진동이 제어 불가능한 수준으로 강해져 구조물이 무너질 때가 있다.

공진은 위험하다

1831년에 영국의 브로턴 다리를 병사 74명이 발을 맞춰 행진하며 건너갔다. 이때 다리에 공진이 일어나 한쪽 기둥의 나사가 빠져서 다리가 무너지고 말았다. 행진으로 다리에 가한 진동의 진동수가 우연히

1　물체가 1초 동안 진동하는 횟수로, 단위는 헤르츠(Hz)다.

도 다리의 고유진동수와 일치했기 때문이다. 이 사고로 강에 떨어진 약 20명의 병사가 중경상을 입었다. 이후로 군대에서는 다리 위에서 발을 맞춰 행진하는 일을 금지했다. "이 다리 위에서는 발을 맞춰 행진하지 마시오"라고 쓰인 표식이 세워졌으며, 현재도 몇몇 현수교에서 비슷한 표식을 찾아볼 수 있다.

터코마 다리가 붕괴한 이유

미국 워싱턴주 터코마에 있던 터코마 다리는 건설 당시에 최신 설계 이론으로 상판을 경량화하여 주탑 간 거리가 매우 길었는데, 무려 853m(당시 세계 3위)였다. 그런데 1940년에 개통했을 때부터 터코마 다리는 약간의 바람에도 위아래로 심하게 흔들렸다. 또한 건너는 것만으로도 멀미가 나기도 했다. 문제를 해결하기 위해 워싱턴 대학의 연구팀이 16mm 필름으로 촬영을 진행했다. 그때 찍은 영상을 보면 영상 첫 부분에서 흔들리는 모습과 붕괴 직전의 흔들림 사이에 차이가 있다는 사실을 알 수 있다(그림 35-2).

처음에는 위아래로 파도가 치듯이 진동했다. 바람은 규칙적으로 불지 않아서 공진 현상은 일어나지 않았다. 이 다리는 상판 형태가 독특한데, 가로 폭이 12m가 조금 안 되다 보니 옆으로 바람이 불면 소용돌이가 생기기 쉬웠다. 이 소용돌이가 생기는 타이밍과 상판의 움직임이 일치한 결과 상하로 진동한 것이다.

11월 7일, 운명의 날에 초속 19m의 강풍이 옆에서 불어 닥쳤다. 더욱 큰 바람의 힘이 더해지자 이미 상하 진동 때문에 약해졌던 다리

그림 35-2　터코마 다리의 진동 상황

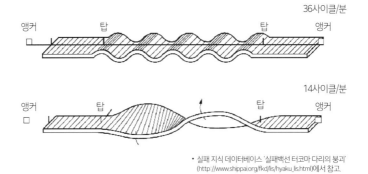

36사이클/분

앵커　　　　탑　　　　　　　　탑　　　앵커

14사이클/분

앵커　　　　탑　　　　　　　　탑　　　앵커

- 실패 지식 데이터베이스 '실패백선 터코마 다리의 붕괴'
(http://www.shippai.org/fkd/lis/hyaku_lis.html)에서 참고

는 비틀어지듯이 진동하기 시작했다. 이 진동은 바람이 불 때마다 계속 커졌으며, 이윽고 상판이 버텨내지 못하고 부서지면서 거대한 다리가 붕괴하고 말았다.

진동에 의한 파괴를 막는 방법

터코마 다리 붕괴를 계기로 불규칙적으로 부는 바람 때문에 생기는 진동도, 다리를 설계하는 단계에서 고려하기 시작했다. 커다란 다리와 건물을 설계할 때는 구조물의 재료와 높이에 따른 고유진동수를 계산한다. 이는 지진과 바람 등에 의한 진동으로 공진이 발생하는 것을 막기 위해서다.

　참고로 공진은 물체가 고유진동수와 일치하는 진동의 에너지를 흡수하면서 일어나는데, 주기적이지 않은 힘에 의해서도 일어날 수 있다. '자려진동'이라 하는데, 바이올린의 현을 활로 켜면 소리가 나는 현상, 바람 때문에 터코마 다리가 진동하는 현상 등이 그 사례다.

36

코끼리에게 밟히는 것보다
힐에 밟히는 게 더 위험하다고?

전철 승강장이나 만원 전철 등 사람이 많은 곳에서 실수로 힐에 밟혔을 때의 압력을 계산해보자.
뾰족한 굽에서 받는 압력과 코끼리 발에서 받는 압력 중 어느 쪽이 더 강할까?

하이힐은 때때로 흉기가 된다

힐(펌프스)의 굽은 매우 단단하고 뾰족해 때로는 흉기가 된다. 일본의
뉴스 사이트 '시라베'에서 전국 남녀 1,368명을 대상으로 '힐을 신은
여성에게 발을 밟혀서 아팠던 경험'이 있는지 조사해봤다. 그러자 약
20%가 발을 밟힌 적이 있다고 답했다.

유명인이 힐에 밟혀서 발을 골절한 뉴스도 꽤 있다. 2011년에 일본
의 코미디언 콤비 '지하라 형제' 중 한 명인 지하라 주니어가 힐에 밟
혀 왼발 새끼발가락 뼈가 부러져 전치 2개월 진단을 받았다. 신오사
카역 안에서 앞에 있던 여성이 갑자기 뒷걸음질 쳐서 왼발 새끼발가
락을 힐 굽으로 밟는 바람에 골절한 것이다. 지하라 주니어는 구급차
로 오사카 시내의 병원에 실려 갔으며, 약 한 달 동안 깁스를 하고 목
발을 짚으며 다녀야 했다.

2013년에는 인기 음악 그룹 이키모노가타리의 기타를 담당하는
야마시타 호타카가 도쿄 시부야의 횡단보도를 건너는 도중 힐을 신
은 여성에게 밟혀서 골절하는 사고도 있었다.

똑같은 크기의 힘이라도 면적에 따라 효과가 다르다

눈이 많이 쌓인 곳에서 신발을 신고 걸으면 발이 눈 속으로 쑥 빠져 버리지만, 스키나 설피(눈에 빠지지 않도록 신발 바닥에 대는 넓적한 덧신)나 스노 슈즈(눈 위에서 걸을 때 신는다) 등을 신으면 발이 빠지지 않는 다. 이런 신발은 보통 신발보다 면적이 훨씬 넓어서 힘이 분산되기 때문이다.

이와 반대로 칼은 힘을 좁은 면적에 집중해야 하므로, 칼날 끝은 매우 얇게 만들어야 한다. 똑같은 크기의 힘이라도 힘이 걸리는 면적에 따라 효과가 크게 달라진다. 이는 $1m^2$당 수직 방향으로 걸리는 힘의 크기인 압력을 통해 비교해볼 수 있다.

이름 때문에 압력을 '힘의 일종'이라고 생각하는 사람이 많은데, 압력은 힘의 크기와 관계가 있기는 하나 엄연히 힘과 다른 개념이다. 압력은 다음과 같은 식으로 계산할 수 있다.

뉴턴 매 제곱미터(N/m^2)을 하나의 단위로 만든 것이 '파스칼(Pa)'이다. 면적이 똑같아도 누르는 힘이 세지면, 혹은 누르는 힘이 같더라도 면적이 좁아지면 압력은 더 커진다.

$$압력(Pa) = \frac{면을\ 누르는\ 힘(N)}{면적(m^2)}$$

힐에 밟히기 vs 코끼리에게 밟히기

"코끼리 발에 밟힐 때와 힐에 밟힐 때를 비교하면, 어느 쪽이 더 압력이 높을까?"라는 문제를 계산으로 풀어보자.

코끼리 발 하나의 면적은 1,000cm², 몸무게(질량)는 3,000kg, 코끼리 발 하나에 걸리는 힘은 몸무게의 4분의 1만큼(7,500N)이라고 해보자. 한편 힐을 신은 여성은 몸무게가 40kg, 힐 굽 면적이 1cm², 발 하나에 걸리는 힘은 몸무게의 2분의 1만큼이라고 하자. 1kg의 무게는 10N의 힘으로 발을 누르며, 10,000cm² = 1m²다. 이러한 상황에서 각각의 압력을 파스칼(Pa) 단위로 계산해보자.

우선 힐에 발이 밟혔을 때부터 계산해보자. 몸무게 40kg 절반만큼의 힘(200N)이 1cm²에 걸리면 2,000,000Pa이 된다.

코끼리 다리에 발이 밟혔을 때는 코끼리 발바닥이 사람 발바닥 위에 다 올라오지 못하므로, 코끼리 발바닥 넓이는 계산과 상관이 없다. 코끼리가 밟은 사람 발의 넓이를 100cm²라고 해보자. 그 면적에 코끼리 체중의 4분의 1이 걸리면 750,000Pa이 된다.

즉, 힐에 밟혔을 때의 압력은 코끼리에게 밟혔을 때 압력보다 2.7배나 높다는 뜻이다.

$$\text{힐에 밟혔을 때의 압력(Pa)} = \frac{200(N)}{1/10,000(m^2)}$$

$$\text{코끼리에게 밟혔을 때의 압력(Pa)} = \frac{7,500(N)}{100/10,000(m^2)}$$

압력의 단위가 된 과학자 파스칼

압력의 단위 파스칼(Pa)은 프랑스의 철학자, 수학자, 물리학자였던 블레즈 파스칼의 이름에서 유래했다. 실제로는 파스칼보다 '헥토파스칼'이라는 단위를 많이 들어봤을 것이다(날씨 정보 등). 단위에 붙는 '헥토(h)'는 원래 단위의 100배라는 뜻이다. 즉 1hPa=100Pa이다.

파스칼은 1623년에 태어났으며, 1662년에 39세라는 젊은 나이로 세상을 떠났다. 어릴 때부터 천재성을 발휘했는데, 오늘날 우리가 쓰는 컴퓨터의 조상 격인 기계식 계산기를 발명하기도 했다. 파스칼의 이름이 압력이 단위가 된 이유는, 그가 압력에 관한 다양한 연구를 했기 때문이다. 파스칼은 1기압으로 수은 기둥을 76cm, 물기둥이라면 10m를 지탱할 수 있음을 밝혔다.

"밀폐된 유체의 일부에 압력을 가하면 그 압력이 유체 내의 모든 곳에 같은 크기로 전달된다"라는 '파스칼의 원리'를 발견하기도 했다. 또한 "인간은 자연 가운데서 가장 약한 갈대 중 하나일 뿐이다. 그러나 그것은 생각하는 갈대다"라는 유명한 말도 파스칼이 남긴 것이다. 파스칼은 인간이란 보잘것없고 약한 존재지만, '생각한다'는 점에서 무엇보다도 존엄하다고 주장했다.

37

왜 차는 갑자기 멈춰 설 수 없을까?

자동차 운전을 즐기던 A씨 앞에 갑자기 고양이가 튀어나왔다. 아무리 재빠르게 브레이크를 밟는다고 해도, 멈출 때까지 몇m 나아가고 만다. 차는 왜 갑자기 멈출 수 없는 것일까?

관성을 없앨 수는 없다

움직이는 물체에는 외부에서 힘을 가하지 않는 한 똑같은 속도로 계속 운동하려는 성질이 있다. 이를 **관성**이라고 하며, 관성의 크기는 질량에 비례한다.

자동차에도 질량이 존재하는 이상, 관성을 없앨 수는 없다. 차를 감속하려면 운동하는 방향과 반대 방향의 힘을 가해야 한다. 그러므로 똑같은 힘을 가한다면 차의 질량이 클수록 감속하기 어려워진다.[1] 운동하는 물체를 순간적으로 멈추려면 충돌처럼 매우 큰 힘이 필요하다. 그러한 큰 힘은 운동하는 물체까지 파괴할 때가 많으므로 차에 탄 사람의 안전을 보장하기가 어렵다.

마찰 브레이크의 원리

차를 멈출 때 운전자는 브레이크를 밟는다. 자동차에서는 보통 마찰

---

1 물체의 운동법칙을 정리한 사람은 유명한 물리학자인 뉴턴이다. 제1 법칙은 관성의 법칙, 제2 법칙은 가한 힘과 운동의 변화(가속도) 사이의 관계를 나타내는 법칙(운동 방정식)이다.

력을 이용하여 바퀴의 회전을 멈추는 마찰 브레이크를 사용한다. 여기서는 마찰 브레이크의 일종인 디스크 브레이크를 예로 들며 설명하겠다.

브레이크 페달을 밟으면 유압 장치가 힘을 전달하여, 차체에 고정된 브레이크 패드로 디스크 로터를 양쪽에서 꽉 누른다. 바퀴와 함께 회전하는 디스크는 빠르게 돌고 있으므로, 브레이크 패드에 눌리면 마찰력이 작용하여 바퀴의 회전 속도가 떨어진다. 이와 동시에 회전하는 타이어와 땅바닥 사이에서도 마찰력이 작용하여, 자동차는 속도가 떨어지다가 이내 멈춘다.

무엇이 제동 거리를 결정할까?

여기서 브레이크를 걸고 나서 멈출 때까지의 이동 거리인 **제동 거리**에 주목해보자. 제동 거리는 속도의 제곱에 비례한다. 이는 달리는 자동차의 운동 에너지가 속도의 제곱에 비례하는 것과 관련이 있다(그림 37-1, 2).

그림 37-1　**제동 거리**

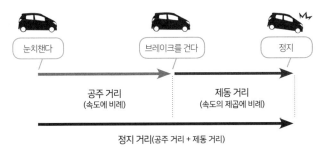

눈치챈다　　　브레이크를 건다　　　정지

공주 거리
(속도에 비례)

제동 거리
(속도의 제곱에 비례)

정지 거리(공주 거리 + 제동 거리)

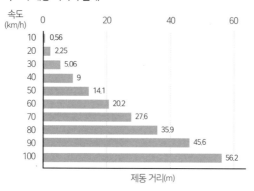

그림 37-2 **속도와 제동 거리의 관계**

속도(km/h): 10 — 0.56
20 — 2.25
30 — 5.06
40 — 9
50 — 14.1
60 — 20.2
70 — 27.6
80 — 35.9
90 — 45.6
100 — 56.2

제동 거리(m)

마찰력의 크기를 결정하는 데 필요한 마찰 계수는 마른 아스팔트 도로의 값인 0.7을 사용

정지하면 운동 에너지는 0이 된다. 차의 운동 에너지는 제동 거리를 달릴 동안 마찰력이 한 일(즉 마찰열)로 변환되었다고 볼 수 있다.

길바닥 상태에 주의하자

차의 제동 거리는 자동차 속도가 빠를수록 길어지는데, 실은 길바닥과 타이어의 상태에도 영향을 받는다. 이는 마찰력의 크기가 접촉하는 물체의 표면 상태에 따라 변화하기 때문이다. 마찰력의 크기는 마찰 계수를 통해 가늠해볼 수 있는데, 마찰 계수가 작을수록 미끄럽다는 뜻이다(그림 37-3).

비가 오면 길바닥에 얇은 물의 막이 생길 때가 있다. 쌓인 눈이 압축되거나 얼어붙으면 더욱 마찰 계수가 작아져 타이어가 회전하지 못하여 미끄러지며 겉돌 때도 있다. 타이어가 마모되거나 길에 기름이나 모래가 뿌려져 있어도 마찰 계수는 작아진다.

그림 37-3　길바닥과 타이어의 마찰 계수

달리는 차가 가지고 있던 에너지는 어디로 갔을까?

달리는 차가 가지고 있었던 에너지는 거의 다 마찰열 형태로 변환되어 버린다. 구체적으로는 타이어 프레임과 브레이크 패드, 주위 공기와 길바닥을 데우는 열로 쓰이며 사라진다. 멈출 때마다 에너지가 열이라는 형태로 환경 속으로 사라져 버린다니 참 아까운 일이다.

예를 들어 총 질량이 1,500kg인 자동차가 100km/h(=27.8m/s)로 달리던 중에 급브레이크를 밟아서 멈췄다고 해보자. 이 차가 가지고 있던 운동 에너지는 약 580kJ이다. 이것이 전부 다 마찰열로 변해버렸다고 해보자. 그러면 그 열량으로 페트병 1개만큼, 즉 2,000g의 물의 온도를 약 70도나 올릴 수 있다.[2]

에너지를 회수하는 회생 브레이크

모터를 탑재한 전기 자동차(EV)나 하이브리드 자동차(HV)에서는, 바퀴가 회전하는 운동 에너지를 전기 에너지로 변환하여 배터리에 축

2　물 1g의 온도를 1℃ 올리려면 열이 4.2J 필요하다.

전하는 회생 브레이크가 달려 있다. 달릴 때는 모터를 사용하여 전기를 회전으로 바꾸지만, 멈출 때는 모터를 발전기로 이용하여 회전을 전기로 바꾸는 것이다. 즉, 운동 에너지의 일부를 전기 에너지의 형태로 회수할 수 있다는 뜻이다.[3]

38

날달걀이 살인 무기가 될 수 있다고?

깨지기 쉬운 날달걀도 고속도로에서 달리는 차에 부딪히면 엄청난 파괴력을 낳을 수 있다. 가벼운 마음으로 한 장난 때문에 큰 사고로 이어진 사례도 있다.

실제로 있었던 날달걀 사건

2015년 9월 말의 새벽과 밤에 두 차례에 걸쳐서 어떤 사건이 일어났다. 구름다리 위에서 고속도로를 달리는 차를 향해 많은 양의 날달걀을 던진 회사원과 고등학생 형제가 체포된 것이다. 무려 수백 개나 되는 달걀을 던졌다고 하니 놀라운 일이다. 그냥 재미 삼아 저지른 일이라고 하는데, 달걀을 맞은 차는 유리창이 깨지고 지붕과 보닛이 찌그러지는 등 하마터면 사망 사고로도 이어질 수 있는 상황이었다. 장난이라고 웃어넘길 수 없는 위험한 행위다.

깨지기 쉬운 물건의 대명사이며 질량도 고작 50~60g밖에 안 되는 날달걀이 대체 어떻게 이런 파괴력을 낼 수 있었던 것일까?

충격에 걸리는 시간은 한순간이다

수평으로 던진 날달걀의 속도가 시속 80km라고 해보자. 이는 평범한 사람이 공을 던졌을 때의 속도다. 날달걀이 시속 100km로 달리는 차와 정면으로 충돌했다고 생각해보자. 이때 〈그림 38-1〉처럼 차

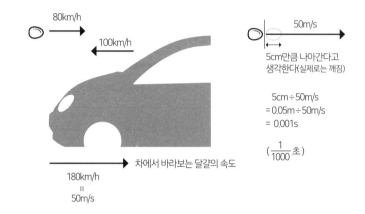

그림 38-1　충돌에 걸리는 시간

80km/h

100km/h

차에서 바라보는 달걀의 속도

180km/h
=
50m/s

50m/s

5cm만큼 나아간다고
생각한다(실제로는 깨짐)

5cm÷50m/s
=0.05m÷50m/s
=0.001s

$(\frac{1}{1000}초)$

에서 바라본 날달걀이 상대 속도는 시속 180km(초속 50m)가 된다.

충돌이란 순식간에 벌어지는 일인데, 이러한 충격에 걸리는 시간을 구체적으로 계산해보자. 날달걀이 똑바로 부딪쳤으며, 부딪친 부분부터 깨져 나갔다고 해보자. 길이가 5cm(0.05m)인 달걀이 전부 다 부딪치는 데 걸리는 시간은 속도가 50m/s이므로 1,000분의 1초 정도다.

날달걀의 엄청난 충격

이번에는 충격의 크기를 계산해보자. 운동하는 물체가 다른 물체에 가하는 충격의 크기를 나타내는 양으로 '운동량'이라는 것이 있다. 무거울수록, 그리고 빨리 움직일수록 부딪쳤을 때 주는 충격이 크다. 따라서 운동량은 물체의 '질량×속도'로 정의한다.

또한 '운동량의 변화'는 '힘×시간'으로 정의되는 '충격량'과 같다

그림 38-2　충돌할 때 작용하는 힘의 크기

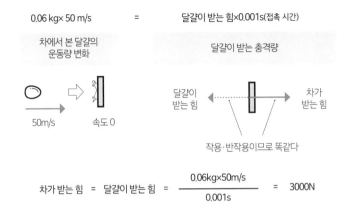

0.06 kg× 50 m/s　　　　　=　　　　　달걀이 받는 힘×0.001s(접촉 시간)

차에서 본 달걀의
운동량 변화

달걀이 받는 충격량

달걀이
받는 힘

차가
받는 힘

50m/s　　　　　속도 0

작용·반작용이므로 똑같다

차가 받는 힘　=　달걀이 받는 힘　=　$\dfrac{0.06kg \times 50m/s}{0.001s}$　=　3000N

는 물리 법칙이 있다. 날아오는 공을 받는 야구선수를 예로 들어 설명하겠다. 공의 움직임을 멈추려면 반대 방향으로 힘을 줘야 한다. 그러면 공을 잡는 손은 이와 똑같은 크기의 힘을 반작용으로 받는다. 선수들이 야구장갑을 끼는 이유는 부드럽게 변형하는 장갑을 이용해 접촉 시간을 길게 만들어 힘을 작게 하기 위해서다. 이와 반대로 짧은 시간 안에 운동량을 변화시키면 커다란 힘을 받는다.

　이를 날달걀과 차의 충돌에 적용해보자. 날아오는 날달걀이 차와 충돌해서 한 몸이 된다는 말은, 차에 대한 상대적인 운동량을 0으로 만든다는 뜻이다. 따라서 〈그림 38-2〉와 같이 계산할 수 있다.

　날달걀의 질량을 60g(0.06kg), 차에 대한 상대 속도를 50m/s로 가정하여 계산했다. 충돌한 순간의 힘은 3,000N(뉴턴)이나 된다. 이는 약 300kgw(킬로그램힘)이므로 덩치가 큰 스모 선수의 몸무게보다 더 큰 힘이라고 할 수 있다.

실제로는 날달걀이 부딪친 지름 3cm만큼의 범위에 이 힘이 집중된다. 말하자면 몸무게가 300kg인 사람이 올라탄 지름이 3cm인 막대기에 밟힌 정도의 힘을 순간적으로 받았다는 뜻이다. 이러면 자동차 유리창이 깨져도 이상할 것이 없다.

날달걀은 구가 아니라 일부가 툭 튀어나온 구조인데, 달걀은 긴 방향으로 받는 힘을 생각보다 잘 버티는 성질이 있다. 만약 충돌할 때 우연히 뾰족한 부분부터 부딪쳤다면 순간적으로 더 큰 힘이 발생할 가능성도 있다.

날달걀두 던지면 위험하다

장난이나 해코지하려고 날달걀을 던지는 사건은 종종 발생한다. 던지는 사람은 '돌보다 안전하고 맞아 봤자 더러워질 뿐'이라고 생각하겠지만, 날달걀도 상황에 따라서는 사람을 죽일 위력을 낼 수 있다.

해외에서는 자전거를 타던 사람이 차에서 던진 날달걀을 맞아 실명한 사례도 있다. 돌은 물론이고, 설사 날달걀이라 할지라도 절대로 사람을 향해 던져서는 안 된다.

39

왜 사람에게 벼락이 떨어질 때가 있을까?

벼락에 의한 사망 사고가 자주 일어나는 장소 1위는 탁 트인 평지이며, 2위는 나무 아래다. 벼락을 맞아 사망하는 사고 중 절반 이상이 이 2곳에서 일어난다.

인체는 벼락이 떨어지기 쉬운 도체다

사람이 벼락을 맞는 사고와 안전 대책에 관해서는 기타가와 노부이치로 등에 의한 1971년의 연구를 참고할 수 있다. 의학, 이학, 공학이라는 세 분야의 연구자로 이루어진 '인체에 대한 벼락 연구 그룹'의 연구다. 인체와 비슷한 등신대 인형과 실험 동물에 번개 임펄스 전압을 가하는 실험의 결과와 총 65건의 벼락 조사 데이터를 합쳐서 인체에 대한 벼락의 실태를 해명했다. 이 연구를 바탕으로 벼락에 대한 안전 대책을 제안하겠다.

"옷과 비옷과 고무장화는 절연체니까 괜찮다"라는 말이 있다. 하지만 벼락을 맞았을 때는 무의미하다. 벼락이 칠 때 사람의 몸은 약 300옴(전류가 흐르기 힘든 정도를 나타내는 저항의 단위, Ω)의 도체와 같다. 즉, 서 있는 사람은 같은 크기의 금속 막대나 마찬가지라는 뜻이다. 벼락을 유도하는 것은 사람이 몸에 지닌 금속 등이 아니라, 땅바닥 위에 튀어나와 있는 사람의 몸 그 자체다. 따라서 아무리 몸에 절연체를 두르고 있다 한들 소용없다.

탁 트인 평지, 해안, 하이킹 코스, 등산 코스 등에서는 벼락을 맞을 확률이 높아서 안전을 담보할 방법이 없다. 똑바로 선 자세는 물론이고 쪼그려 앉거나 땅바닥에 주저앉아도 직접 벼락을 맞거나 근처에 벼락이 떨어질 수 있다.[1] 따라서 이러한 장소에 있다면 번개구름이 다가오기 전에 되도록 빨리 대피해야 한다.

벼락을 맞아도 안전한 '패러데이 새장'의 내부

완벽하게 벼락을 피하는 방법은 1836년이 되어서야 발견되었다. 그 주인공은 전자기 유도 등을 발견한 영국의 과학자 마이클 패러데이였다. 패러데이는 자신이 직접 금속망으로 둘러싸인 상자 속으로 들어가 높은 전압을 받음으로써, 금속(도체)에 둘러싸인 공간 속에서는 벼락이 침입할 수 없음을 증명해냈다. 이러한 금속 상자를 '패러데이 새장'이라고 한다.

패러데이 새장의 사례로는 자동차(오픈카는 제외), 버스, 열차, 콘크리트 건축물 등이 있다. 이러한 구조물 내부에 머무르는 것이 가장 안전하다. 또한 일반 가옥에서는 실외 TV 안테나와 연결된 TV와 2m 이상 거리를 둬야 한다. 완벽하게 하려면 전등선, 전화선, 안테나선, 접지선 등에 연결된 모든 전자기기에서 1m 이상 떨어져 있는 편이 좋다. 물론 전화도 쓰지 말자.

---

1 벼락을 맞아 쓰러진 사람이 있다면 호흡과 맥박을 확인하자. 만약 멈췄으면 바로 심폐 소생술을 실시하여 구급대가 도착할 때 까지 지속해야 한다. 5분 이내로 호흡과 심박을 회복하면 목숨을 건질 확률이 높다.

피뢰침, 혹은 높은 건물의 보호 범위에 들어가기

패러데이 새장 안에 들어가는 것 다음으로 안전한 방법은 피뢰침이나 높은 건물의 보호 범위 안으로 들어가는 것이다.

전봇대 등 높이가 4~20m인 물체의 꼭대기에서 45도 각도 안에 있는 공간을 보호 범위라고 하며, 이 내부는 거의 안전하다고 할 수 있다. 단, 나무는 4m라도 근처에 있으면 감전될 가능성이 있으니 다가가서는 안 된다. 4~20m 높이에 전선이 있다면, 그 전선을 지붕의 용마루라고 보고 아래의 폭 4~20m의 삼각뿔 모양의 공간이 보호 범위다. 단, 어디까지나 확률적으로 안전한 것이지 100%는 아니다(그림 39-1). 물체를 이용해서 벼락을 피할 때는 이러한 점을 조심해야 한다.

그림 39-1   **벼락을 피하는 보호 범위**

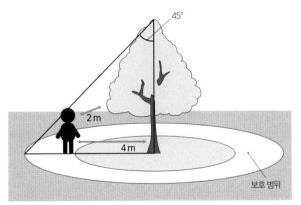

· 높이 4m 이상의 물체(수목, 장대, 크레인 등)가 근처에 있을 때는, 꼭대기를 45도 이상으로 바라볼 수 있으면서 물체의 어느 부분과도 2m 이상 떨어진 위치에서 자세를 낮춘다.
· 물체가 수목이라면 보는 가지나 잎의 끝에서 2m 이상 벌어신나.
· 높이가 4m 이하인 물체에서는 멀리 떨어진다.

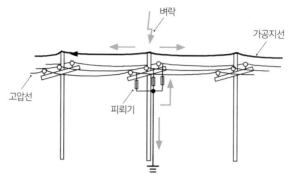

그림 39-2 **가공지선**

벼락

가공지선

고압선

피뢰기

호쿠리쿠 전력, 「배전선 아래에 설치하는 가공지선에 의한 피뢰기의 번개 피해 억제
(配電線下方に取付ける架空地線による避雷器雷害の抑制)」에서 발췌 및 가공

송전선, 배전선의 맨 위에는 가공지선이 있다

송전선과 배전선에 벼락이 떨어질 때를 대비해 철탑의 꼭대기에는
가공지선이 설치되어 있다. 벼락이 가공지선에 떨어지면 '철탑 꼭대
기 ⟶ 철탑 ⟶ 접지' 순서로 전류가 빠져나간다(그림 39-2). 가공지
선을 45도 이상의 각도로 바라보는 공간은 보호 범위다. 따라서 대
피할 때는 이 공간을 따라 이동하자.

구름의 움직임을 예측하자

일기예보를 보고 끊임없이 날씨를 확인하며 번개구름이 다가오는 것
을 예측해야 한다. 적란운은 몇 분 만에 번개구름으로 발달하며, 번
개구름 진행 방향에는 구름 내의 하강기류가 돌풍이 되어 퍼져나간
다. 천둥이 들리는 거리는 대략 10km이므로, 작은 소리라도 천둥이
들린다면 즉시 대피해야 한다.

40

정전기가 튀는 것을 방지하려면
어떻게 해야 할까?

겨울철 공기가 건조한 날에 문손잡이의 금속 부분을 만지면 따끔할 때가 있다. 옷이 몸에 달라붙기도 한다. 이러한 현상은 모두 정전기 때문이다.

정전기는 어떻게 생기는 것일까?

물체의 표면에 정전기가 생긴 상태를 '대전'된 상태라고 한다. 대전이란 '전기를 띤다'는 뜻이다. 정전기가 생긴 물체는 양전하나 음전하로 대전되는데, 같은 종류끼리는 반발하고 다른 종류끼리는 끌어당긴다. 이 힘에 관해서는 쿨롱의 법칙이 성립한다. 쿨롱 힘은 정전기를 많이 띨수록, 그리고 거리가 가까울수록 커진다.[1]

　정전기는 두 물체가 접근하다가 직접 접촉하고 나서 다시 분리될 때 생긴다. 두 물체가 접촉할 때 한쪽 표면은 양전하로, 또 한쪽 표면은 음전하로 대전되어 있다. 이를 다시 떨어뜨려 놓으면 경계면에 생긴 양전하와 음전하는 대부분 사라져 버리는데, 사라지지 않고 남는 전기가 바로 정전기다.

　플라스틱이나 고무 등 전기가 잘 흐르지 않는 절연체(부도체)에는 보통 정전기가 흘러가 버리지 않고 쌓여간다. 정전기가 쌓인 물체가

1　두 물체 사이에서 작용하는 쿨롱 힘(정전기의 힘)은 각 물체가 띠는 전기의 양을 곱한 값에 비례하며, 거리의 제곱에 반비례한다. 이를 쿨롱의 법칙이라고 한다.

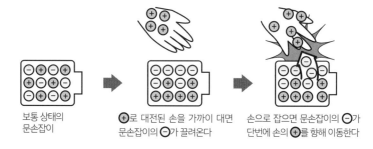

그림 40-1 정전기가 흐르는 과정

보통 상태의
문손잡이

⊕로 대전된 손을 가까이 대면
문손잡이의 ⊖가 끌려온다

손으로 잡으면 문손잡이의 ⊖가
단번에 손의 ⊕를 향해 이동한다

금속처럼 전기가 잘 흐르는 물질(도체)과 접촉하면, 쌓였던 전기가 전류가 되어 단번에 금속을 따라 흘러간다(그림 40-1). 금속 또한 조건을 갖추면 정전기를 쌓을 수 있는데, 쌓인 전기가 도망칠 수 없는 상태로 만들면 정전기는 흘러가 버리지 않는다.

두 물체가 접촉했을 때 어느 쪽 전기로 대전되기 쉬운지를 순서대로 나열해보면 〈그림 40-2〉와 같이 된다. 이러한 것을 대전 서열이라고 한다.[2]

+쪽에 있는 물질과 −쪽에 있는 물질이 접촉하면 전자는 양전하, 후자는 음전하로 대전된다. 예를 들어 플라스틱 빨대의 재료는 폴리프로필렌(PP)이므로 종이로 빨대를 문지르면 종이는 양전하로, 빨대는 음전하로 대전된다.

정전기는 생각보다 전압이 높다. 예를 들어 사무용 의자에 앉아 있

---

2 대전 서열이 비슷한 물질끼리 접촉했을 때는 상황에 따라서 서열과 반대의 결과가 나올 수 있다. 또한 같은 물질끼리 접촉해도 분리에 의한 정전기가 일어날 수 있다. 접촉면의 성질은 오염이나 공기 중의 산소와 수분 등으로 인해 변할 수 있기 때문이다.

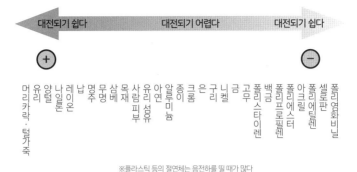

그림 40-2 대전 서열

대전되기 쉽다 ← 　　　　　　대전되기 어렵다　　　　　 → 대전되기 쉽다

(+)　　　　　　　　　　　　　　　　　　　　(−)

머리카락·털가죽　유리　양털　나일론　레이온　납　명주　무명　삼베　목재　사람피부　유리섬유　아연　알루미늄　종이　크롬　은　구리　니켈　금　고무　폴리스타이렌　백금　폴리프로필렌　폴리에스터　아크릴렌　폴리염화비닐　셀로판　폴리에틸렌　폴리염화비닐

※플라스틱 등의 절연체는 음전하를 띨 때가 많다

던 사람이 의자에서 일어나면, 의자와 사람은 수백 V(볼트) 이상으로 대전된다. 플라스틱 책받침을 옷에 문지른 다음 떼어놓으면 '지직' 하는 소리가 난다. 이때는 수천V에서 수만V의 정전기가 발생한다. '지직' 하는 소리는 높은 전압 때문에 공기 중에서 전자가 움직이면서 나는 것이다.

정전기는 땅바닥으로 계속 새어 나간다

어떤 물체에 정전기가 생기면 바로 다른 곳으로 새어 나가기 시작한다. 우리가 실제로 관찰하고 느끼는 정전기는 새어 나가지 않고 남아 있는 전기다.

우리 생활 속에서 정전기가 새어 나가기 쉬운 환경은 물체가 물에 젖어 있거나 물의 막으로 둘러싸여 있을 때다. 물속에는 다양한 물질이 녹아 있을 수 있다. 예를 들어 수돗물은 양이온과 음이온을 포함하므로 정전기에 관해서는 도체라고 할 수 있다. 단, 순수한 물은 절연체다.

겨울에 정전기가 생기기 쉬운 이유는 날씨가 건조하기 때문이다. 여기에 난방까지 하면 상대습도가 더 떨어진다.

우리 생활 속에서는 신발 바닥, 방바닥, 카펫 등 다양한 곳에서 절연체인 플라스틱을 찾아볼 수 있다. 사람이 걷기만 해도 신발 바닥과 방바닥이 접촉하면서 정전기가 생긴다. 사람은 걸으면서 땅바닥에 비해 2만V 정도의 전압으로 대전된다. 그 상태로 문손잡이를 만지면 사람에게 쌓여 있던 전기가 문손잡이를 통해 땅바닥으로 흘러간다. 문손잡이는 땅바닥과 이어져 있으므로 0V이며, 사람은 2만V로 대전되어 있다. 그러면 당연히 방전이 일어난다. 어두운 곳에서는 이 방전현상 때문에 생기는 빛도 볼 수 있다.

정전기가 튀는 것을 방지하는 방법

문손잡이를 만졌을 때 정전기가 튀는 것을 방지하는 방법이 있다. 손에 쥔 금속 조각(열쇠나 금속 볼펜 등)을 문손잡이에 대기만 하면 된다. 그냥 손으로 문손잡이를 만지면 방전에 의한 전류가 아주 좁은 장소에 집중적으로 흘러 신경이 민감하게 반응한다. 하지만 손에 쥔 금속 조각을 문손잡이에 대면 손 전체에 전류가 분산되므로 신경에 대한 자극이 줄어든다. 주먹을 꽉 쥔 상태나 손바닥을 활짝 편 상태에서 문손잡이를 만져서 전류를 분산시킬 수도 있다.

다른 방법도 있다. 문손잡이에 손을 대기 전에 나무 벽이나 콘크리트 벽을 만지면 된다. 나무와 콘크리트는 정전기에 관해서는 절연체가 아니라 어느 정도 전기가 흐르는 물질이다. 또한 벽은 땅과 이어져 있으므로 사람 몸에 쌓인 정전기를 흘려보낼 수 있다. 근처에 그런 벽이 없다면 문을 만져도 좋다.

자동차 좌석이 절연체라면 내릴 때 정전기를 띠므로 차체의 금속 부분을 만지면서 내리자. 그러면 사람 몸의 정전기를 차체를 통해 땅바닥으로 흘려보낼 수 있다.

41

문어발식 배선, 얼마나 많이 해야 위험해질까?

편리한 가전제품과 전자 기기가 끊임없이 나오다 보니 콘센트 개수가 모자라곤 한다. 한꺼번에 너무 많이 연결하면 안 되는 건 알고 있지만, 결국 문어발식 배선이 되어버릴 때가 많다.

문어발식 배선의 위험성

이제 전기는 우리 생활에 빼놓을 수 없는 매우 편리한 것이지만, 제대로 관리하지 않으면 대단히 위험하다.

사실 문어발식 배선에서 중요한 점은 연결한 기기의 개수가 아니라 흐르는 전류의 총량이다. 전류의 총량이 크면 전기 저항에 의한 발열량이 매우 많아진다(그림 41-1). 배선 코드와 부품에 전기 저항이 작은 금속을 사용하기는 하지만, 발열량을 0으로 만들 수는 없다. 한도를 넘어 많은 양의 전류가 흐르면 콘센트와 멀티탭이 심하게

그림 41-1 **콘센트와 코드도 전기가 흐르면 뜨거워진다**

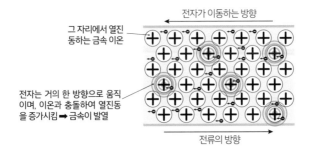

뜨거워져 화재로 이어질 수 있다.

전기 화재는 언제 일어날까?

그럼 정확히 어떤 상황에서 위험한지 알아보자. 전류량은 전자 제품에 적혀 있는 소비 전력에 비례하므로, 소비 전력의 크기를 고려하면 된다.[1] 콘센트와 멀티탭은 안전을 위한 사용 한도가 정해져 있다. 일반적인 2구 콘센트의 한도는 1,500W다. 이는 콘센트와 연결하여 사용하는 기기의 전력 합계가 1,500W를 넘어서는 안 된다는 뜻이다 (그림 41-2).

그림 41-2　주요 전자 제품 일반 소비 전력과 문어발식 배선의 사례

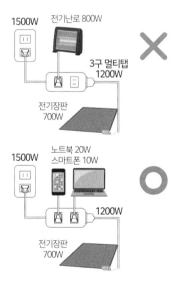

헤어드라이어	1200W
다리미	1000W
전자레인지	1200W
핫플레이트	1300W
인덕션 레인지	1200W
전기밥솥(5.5홉)	800W
노트북	약 20W
잉크젯 프린터	15~60W
스마트폰 충전기	약 10W

1　일본의 일반적인 콘센트와 멀티탭에는 100V의 교류 전압이 걸린다. 소비 전력은 전압×전류이므로 소비 전력의 100분의 1을 전류값으로 볼 수 있나. 성격값은 1,500W(15A)라고 표기되어 있을 때가 있다.

이러한 사용 한도를 정격(값)이라고 한다. 예를 들어 콘센트 하나에 정격값이 1,200W인 3구 멀티탭을 꽂아서 사용한다고 해보자. 소비 전력이 큰 전기난로(800W)와 전기장판(700W)을 멀티탭에 꽂으면 어떻게 될까? 멀티탭에는 아직 꽂을 데가 하나 남아 있다. 하지만 1,200W라는 정격값을 초과했으므로 멀티탭과 코드가 뜨거워져서 불이 날 수도 있다.

안전을 위해 소비 전력을 계산해서 적절하게 관리할 줄 알아야 한다. 소비 전력이 작은 전자기기라면 정격값을 넘지 않은 선에서 문어발식 배선을 해도 괜찮다.

나도 모르는 사이에 진행되는 트래킹 현상

콘센트와 멀티탭에 불이 나는 원인 중 하나로 트래킹 현상이 있다. 콘센트와 멀티탭에 플러그를 오랜 시간 계속 꽂아두면 플러그 주위에 먼지가 쌓인다. 여기에 물방울이나 습기가 더해지면, 약간 노출된 플러그 단자 사이에서 불꽃 방전이 일어난다. 그러면 해당 부위 주변에 있는 플라스틱이 탄화하여 전기가 흐르는 길(트랙)이 생겨 불이 나는 것이 트래킹 현상이다.

그러므로 오랫동안 사용하지 않은 플러그는 뽑아 두고 먼지를 자주 청소하자. 세탁기, 냉장고, TV 등은 대체로 청소하기 힘든 곳에 있는 데다 계속 플러그를 꽂아 두는 편이니 조심해야 한다. 반려동물이 싼 오줌 때문에 불이 난 사례도 있다고 한다.

누전 때문에 생기는 문제

누전이란 전기가 올바른 경로가 아닌 다른 곳으로 새어 나가는 현상을 말한다. 이러한 누전 현상은 전기가 낭비될 뿐만 아니라 감전과 화재 등 심각한 사고의 원인이 된다. 앞에서 설명한 트래킹 현상도 누전의 일종이다.

오래된 전자기기나 배선에 문제가 생겨서 누전이 일어나면, 기기를 만지기만 해도 감전될 수 있다. 전자기기와 코드가 플라스틱 등의 피복으로 싸여 있는 이유는 전기가 새어나가는 것을 막기 위해서다. 이런 피복이 오래돼서 벗겨지거나 상처가 나면 절연 불량이 일어나 누전이 생길 수 있다.

또한 세탁기처럼 자주 물에 젖는 전자기기는 누전이 일어나기 쉽다. 방수 처리하지 않은 전자기기가 물에 젖어서 쇼트를 일으킬 때도 위험하다. 사람도 물에 젖으면 전기 저항이 낮아져서 감전되기 쉬워진다. 따라서 젖은 손으로 전자제품을 만져서는 안 된다.

접지는 반드시 하자

누전되었을 때 피해를 최소한으로 줄이려면 전자제품을 접지해야 한다. 전압이 높은 곳에서 전압이 0인 땅바닥으로 전류가 흐를 때, 이것이

그림 41-3   **접지해두면 누전이 일어나도 안심할 수 있다**

전기가 빠져나가는 길

인체를 거치면 감전이 일어난다. 그러므로 인체보다 저항이 낮은 접지선을 통해 전류가 땅바닥으로 흐르도록 만들어 두면 안전하다(그림 41-3). 세탁기, 냉장고, 에어컨, 전자레인지, 식기세척기 등 소비 전력이 크거나 물이 많은 곳에서 사용하는 전자제품에는 만약을 대비해 접지선을 연결해놓자.

42

스마트폰 전파는 해롭지 않을까?

스마트폰, 와이파이, 블루투스 등 우리 주변에는 전파를 사용하는 기기가 아주 많다. 이러한 전파는 뢴트겐 검사에서 사용하는 엑스선, 자외선과 똑같은 것일까?

전자기파란 무엇일까

가전제품을 사용할 때는 코드를 통해 전류가 흐른다. 전류가 흐르면 코드 주위에는 자기력이 작용하는데, 이 자기력은 자석이 쇳가루를 움직이는 힘과 똑같은 것이다.

가전제품을 사용할 때는 〈그림 42-1〉처럼 전기력과 자기력, 둘 다 작용한다. 전기력과 자기력은 상호작용하면서 파동처럼 전해지는데, 이를 **전자기파**라고 한다.[1]

그림 42-1   **전류와 자기장**

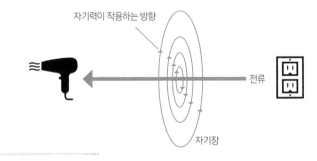

자기력이 작용하는 방향

전류

자기장

---

1   파동처럼 전해지지 않을 때는 전자계라고 부른다.

전자기파와 전리 작용

전자기파 종류는 다양한데, 뢴트겐 검사에서 사용하는 엑스선과 감마선, 자외선 등도 전자기파다. 그렇다고 이들이 전파는 아니다. 효과가 전혀 다르기 때문이다. 전자기파는 파동의 일종이므로 파장과 주파수를 지닌다. 또한 전자기파의 에너지는 이러한 주파수에 비례해 커진다.

주파수가 높은 것부터 살펴보면 암 치료에 사용하는 감마선은 10^{18}Hz, 뢴트겐에 사용하는 엑스선은 10^{16}Hz다. 이어서 자외선이 10^{15}Hz, 적외선이 10^{12}Hz다. 이 중에서는 적외선만 성질이 크게 다른데, 이는 저위선에 **전리 작용**이 없기 때문이다.[2]

전리 작용이란 전자기파와 물질이 부딪쳤을 때 물질에서 전자가 튕겨 나가는 현상이다. 전자기파가 전리 작용을 일으키려면 매우 큰 에너지를 가지고 있어야 하는데, 적외선은 주파수가 낮다. 그래서 전리 작용을 일으킬 정도의 에너지를 가지지 못한다.

전파에는 전리 작용이 없다

우리가 전파라고 부르는 것은 주파수가 3×10^{12}Hz 이하인 전자기파를 말한다. 전파에는 전리 작용이 없으므로, 전파가 DNA에 상처를 낸다거나 암을 일으킬 가능성은 거의 없다. 특히 휴대전화에서 사용하는 $10^8 \sim 10^9$Hz의 전파가 사람 몸에 미치는 영향은 확인된 바가 없

---

[2] 감마선, 엑스선, 자외선에는 전리 작용이 있다. 자외선으로 살균할 수 있는 이유는 자외선을 쬐면 세균의 DNA에 있는 전자가 튕겨 나가기 때문이다.

다. 설사 영향이 있다 해도 전자레인지가 음식을 데우는 것과 같은 '열작용'뿐인데, 휴대전화에서 나오는 전파는 열작용을 일으킬 수 있는 강도의 50분의 1 정도밖에 되지 않는다. 즉, 휴대전화 전파가 건강한 사람에게 해를 끼친다고 볼 수 없는 것이다.

전파 해석을 통한 안전 도모

전파도 소리와 같은 파동이므로, 여러 전파를 겹치면 증폭되거나 감쇠될 수 있다. 데이터 송수신을 하는 전자기기가 전파를 일으키는 것은 쉽게 상상할 수 있겠지만, 실은 데이터를 주고받지 않더라도 전기를 사용하는 모든 기계는 전파를 일으킨다. 이 전파의 파형은 사용하는 전자제품의 종류에 따라 다르다. 다양한 가전제품을 사용하면 각각의 기기에서 나오는 전파가 차단기로 전해지며, 이를 분석함으로써 언제 어떤 기기를 사용했는지 추정할 수 있다.[3]

교통약자석 근처에서 휴대전화를 끄지 않아도 되는 이유

의도치 않게 전파가 겹쳐지면서 문제가 생길 수도 있다. 예를 들어 전파 때문에 기기가 오작동을 일으킬 가능성이 있다. 예전에는 전철의 교통약자석 근처에 있을 때나 항공기가 이착륙할 때는 전파를 일으키는 전자기기의 전원을 꺼야 했다.

하지만 기술이 발전하면서 휴대전화에서 사용하는 전파의 출력은

---

3   이를 이용하여 나이 많은 어르신의 전자기기 사용 상황을 먼 곳에 있는 가족에게 알려주는 서비스도 있다.

점점 약해지고 있다. 이제는 쓰지 않는 2세대가 800mW였고, 3세대 이후에는 250mW가 되었다. 전파가 약해지면 그만큼 다른 기기에 영향을 끼칠 가능성이 줄어든다.

또한 의료기기도 발전하고 있다. 휴대전화를 금속망이나 알루미늄 포일로 이중, 삼중으로 감싸면 전파를 받지 못하므로 통신할 수 없다. 같은 방법으로 의료 기기가 외부 전파의 영향을 받지 않도록 만들 수도 있다. 그러니 이제는 휴대전화를 끄지 않아도 된다.

제 6 장

인체와 스포츠에

넘쳐나는 물리

서로 작용하는 힘이 똑같은데도
승패가 갈리는 이유는 뭘까?

스포츠의 세계에서도 작용과 반작용의 방향은 서로 반대이며 세기는 똑같다. 그런데도 왜 비기지 않고 승패를 가릴 수 있을까? 뉴턴 역학의 관점에서 생각해보자.

작용 반작용의 법칙

영국의 뉴턴은 17세기에 '뉴턴의 운동 법칙'을 제창했으며, 그중에서도 제3 법칙인 '작용 반작용의 법칙'은 아주 유명하다.[1] 하지만 잘못 이해하는 사람이 매우 많은 법칙이기도 하다.

이 법칙은 "물체 A가 B에 힘(작용)을 줄 때는 B도 A에 힘(반작용)을 준다. 작용과 반작용의 방향은 동일 직선상에서 서로 반대이며, 크기는 똑같다"라는 내용이다. 벽이나 책상을 손으로 밀었을 때 느껴지는 감촉을 생각해보면 반대 방향의 힘을 받는다는 말은 대충이나마 알 수 있을 것이다. 하지만 '작용과 반작용의 크기가 같다'는 점에는 수긍하기 어려울 것이다.

힘이 똑같다면 비기지 않을까?

예를 들어 두 사람이 서로를 단순히 밀고 있는 상황을 떠올려보자.

---

1 그 밖에도 제1 법칙인 '관성의 법칙'과 제2 법칙인 '가속도의 법칙'이 있다.

그림 43-1　서로 밀 때 작용하는 힘은 같다

스모나 럭비 시합에서 선수끼리 서로 밀고 있는 것과 같은 상황이다. 만약 A가 이겨서 B를 밀어내 버렸다면, A가 B에게 가한 힘과 B가 A에게 가한 힘 중 어느 쪽이 더 크다고 할 수 있을까? 만약 "당연히 밀어내기에서 이긴 A가 가한 힘이 더 크겠지"라는 생각이 든다면, 앞에서 소개한 '작용 반작용의 법칙'을 다시 한번 읽어보기를 바란다. 여기서 이 두 힘은 작용 반작용의 관계에 있으므로, 힘의 크기는 '항상 같다'가 정답이다.

그럼 작용 반작용의 법칙에 따라 서로에게 가한 힘의 크기가 같은데도 왜 승패가 갈린 것일까? 두 힘의 크기가 똑같다면 움직일 수 없으니 비겨야 하지 않을까(그림 43-1)? B는 대체 왜 진 걸까?

다른 물체에 작용하는 힘끼리는 합성할 수 없다

앞의 고찰에서 막히는 이유는 '작용 반작용'과 '힘의 평형'을 혼동하고 있기 때문이다. 힘의 평형이란 한 물체에 작용하는 여러 힘을 합성(방향을 고려하여 합치는 일)했을 때, 합력이 0이 되는 것을 말한다. 예를 들어 〈그림 43-2〉에서 사과에 작용하는 중력과 손이 사과를

그림 43-2 힘의 평형

미는 힘이 똑같다면, 이 두 힘은 방향이 반대이므로 서로 상쇄된다. 이것이 힘의 평형이다. 작용 반작용과의 차이를 알겠는가?

중요한 건 '힘을 받는 대상'이다. 사과의 예시에 나온 두 힘은 '지구가 사과를 끌어당기는 중력'과 '손이 사과를 밀어내는 힘'으로, 둘 다 사과에 작용하는 힘이다. 힘의 합성은 똑같은 물체에 작용하는 힘끼리만 가능하다. 작용 반작용은 각각 'A가 B에 가하는 힘'과 'B가 A에 가하는 힘'이다. 즉 힘이 작용하는 대상이 다르므로 애초에 합성할 수 없으며, 힘의 평형이 이루어질 수도 없다.[2]

승패가 갈린 이유는 뭘까?

〈그림 43-1〉의 예시에서 왜 승패가 갈렸는지 살펴보겠다. 우선 A와 B가 서로에게 작용한 힘 외의 다른 힘을 찾아보자.

두 선수는 모두 전진하기 위해서 발로 땅을 차고 있는데, 여기서도

---

2 돈에 비유하면 소유자가 같다면야 재산을 더하고 빚을 빼는 식으로 돈 계산을 할 수 있지만, 다른 소유자의 돈을 그 계산에 끌어들일 수 없는 것과 같다. 자신의 빚을 다른 사람의 재산으로 때울 수는 없다.

그림 43-3 선수는 바닥에서도 힘을 받는다

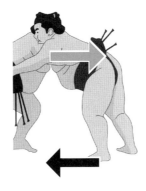

작용 반작용의 법칙이 성립한다. 따라서 발은 땅을 차는 힘과 똑같은 크기의 반작용을 땅에서 받는다(그림 43-3). 이 힘(마찰력)이 상대 선수에게 받는 힘보다 크다면, 자신에게 작용하는 합력은 앞을 향하므로 전진할 수 있다. 즉, 이 시합의 승패는 마찰력이 결정한다고 볼 수 있다.

럭비 선수는 발이 미끄러지지 않도록 스파이크를 신지만, 스모 선수는 맨발이다. 마찰력을 크게 만들려면 땅바닥을 위에서 누르는 힘(수직항력)이 필요하므로, 몸무게가 무거울수록 유리해진다. 그래서 스모 선수는 체중을 늘리기 위해 노력한다.[3]

스모 시합이 시작될 때는 보통 낮은 자세로 상대 선수와 맞부딪친다. 낮은 자세로 부딪쳐서 상대방의 상체를 들어 올린 다음 품속으

---

3   럭비 기술인 몰(maul)도 체중이 무거운 쪽이 유리하나, 하지만 말이 미끄러지지 않으므로, 땅바닥에서 받는 힘이 충분하지 않으면 자세가 무너져서 발을 바꿔 후퇴할 수밖에 없다.

로 파고들어 샅바를 붙잡는 것이 유리하다. 상대를 들어 올리는 방향으로 힘을 가하면 상대방의 발에 걸리는 수직항력을 줄일 수 있을 뿐만 아니라 그만큼 자신의 발의 수직항력이 커지니 마찰력 싸움에서 일거양득이기 때문이다.

이처럼 격투기에서는 서로에게 걸리는 힘이 작용 반작용에 따라 똑같더라도, 다른 힘을 효과적으로 조합함으로써 상대방을 밀어버리거나 회전시켜서 쓰러뜨리는 기술이 자주 쓰인다. 이런 관점으로 운동 경기를 관전하면 새로운 재미를 느낄 수 있을 것이다.

44

근육으로 힘을 내는 것도 지레의 원리라고?

지레란 한 점을 받침점으로 막대를 회전시킴으로써 무거운 물건을 작은 힘으로 움직이거나, 작은 움직임을 큰 움직임으로 바꿀 수 있는 장치. 우리 몸속에도 지레가 숨어 있다.

지레의 3가지 종류

지레에는 막대를 받치는 **받침점**, 힘을 가하는 **힘점**, 무게가 걸리는 **작용점**이 있다. 세 점의 배치에 따라 지레를 3종류로 분류할 수 있으며, 받침점의 위치 관계에 따라 2가지 작용 방식이 있다(그림 44-1).

그림 44-1　**3종류의 지레와 작용 방식**

① 받침점이 중심에 있는 지레

(a) 받침점이 작용점과 가깝고 힘점과 멀다

작용점　　받침점　　힘점

작은 힘만 주면 된다
움직이는 거리는 길다

(b) 받침점이 힘점과 가깝고 작용점과 멀다

작용점　　받침점　　힘점

큰 힘을 줘야 한다
움직이는 거리는 짧다

② 작용점이 중심에 있는 지레

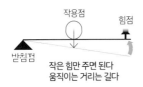

작용점　힘점

받침점

작은 힘만 주면 된다
움직이는 거리는 길다

③ 힘점이 중심에 있는 지레

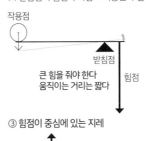

힘점　　작용점

받침점

큰 힘을 줘야 한다
움직이는 거리는 짧다

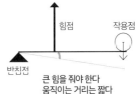

근육은 줄어들지만 늘어나지는 않는다

우리는 몸을 구성하는 뼈와 이를 움직이는 골격근 덕분에 몸을 마음대로 움직일 수 있다.[1]

근육이 줄어들기도 하고 늘어나기도 한다고 생각하는 사람이 많은데, 사실 근육은 늘어나지 않는다. 근육은 줄어들 때 힘을 발휘하며, 힘을 빼면 느슨한 상태가 된다. 일반적으로 골격근의 양 끝은 각각 다른 뼈에 붙어 있으며, 이 뼈들은 관절 한두 개로 이어져 있다. 근육 양쪽 끝의 뼈와 직접 붙어 있는 부분을 힘줄이라고 한다. 따라서 힘줄이 어느 뼈에 붙어 있느냐에 따라 근육이 힘을 발휘할 수 있는 부위가 결정된다고 할 수 있다. 힘줄은 늘어나기도 하고 줄어들기도 하며, 근육이 줄어들면 힘줄이 늘어난다. 단순해 보이는 동작이라도 여러 근육이 동시에 수축하고 이완하면서 만들어지는 것이기에, 근육의 작용은 상당히 복잡하다.

팔의 움직임과 지레의 원리

우리 몸도 지레의 원리로 움직이는데, 뼈가 막대이며 관절의 회전축이 받침점에 해당한다. 그리고 힘점에서 힘을 발휘하는 것이 바로 근육이다. 알기 쉬운 예로 팔을 구부려 알통을 만들 때의 상완 이두근과 그 뒤에 있는 상완 삼두근으로 몸속에 숨어 있는 지레의 원리를 살펴보자(그림 44-2).

---

1 우리 몸의 근육은 구조와 기능에 따라 심장근 · 골격근 · 민무늬근으로 나눌 수 있다.

그림 44-2   근육의 사례: 팔 윗부분

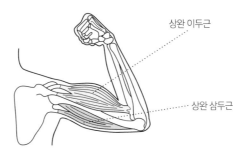

상완 이두근의 한쪽 끝은 어깨뼈와 어깨 관절에, 그리고 다른 한쪽 끝은 팔꿈치 관절의 안쪽 부분에 있는 아래팔뼈에 붙어 있다. 5kg짜리 아령을 쥐고 팔꿈치를 구부려 아래팔을 들어 올리는 동작을 한다고 생각해보자.

이때 팔꿈치 관절은 움직이지 않는 받침점이 된다. 또한 근육은 팔꿈치 관절보다 3cm 안쪽 뼈에 붙어 있으므로, 그 부분이 힘을 가하는 힘점이 된다. 작용점은 아령을 든 손이며, 팔꿈치 관절에서 30cm 떨어져 있다고 해보자. 이는 〈그림 44-1〉 ③의 지레에 해당한다.

그림 44-3

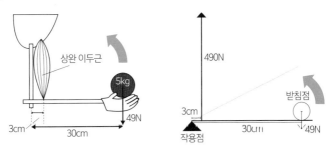

그림 44-4

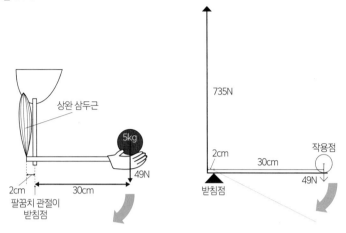

상완 삼두근

5kg

49N

2cm
30cm

팔꿈치 관절이
받침점

735N

2cm
30cm

작용점

받침점

49N

그럼 근육이 내야 할 힘을 계산해보자. 아령은 드는 데 필요한 힘은 49N이지만, 뜻밖에도 지레를 통해 근육이 내는 힘은 10배인 490N이나 된다. 하지만 움직이는 거리를 보면 근육이 1cm 줄어들 때 아령은 그 10배인 10cm나 움직인다.

다음으로 상완 삼두근을 보면, 위로는 어깨뼈와 위팔뼈에 붙어 있고 아래로는 팔꿈치 관절에서 2cm 거리의 아래팔뼈가 튀어나온 부분에 붙어 있다. 받침점은 팔꿈치 관절이다. 상완 삼두근은 팔꿈치 관절을 펼 때 힘을 발휘하여 수축한다.

이는 받침점이 가운데에 있는 지레(〈그림44-1〉 ①-b)에 해당한다. 작용점이 15배나 가까이 있으므로 힘점의 근육은 15배의 힘을 내야 하지만, 근육이 1cm 줄어드는 것만으로 15cm나 움직일 수 있다.[2]

---

2 설명을 쉽게 하기 위해 막대의 무게는 고려하지 않았다. 작용점에 실제로 걸리는 무게를 계산하려면 아령의 무게와 막대기에 해당하는 아래팔, 그리고 손의 무게까지 더해야 한다. 이들을 모두 합쳤을 때의 무게 중심의 위치가 작용점이 되므로, 실제 값은 조금 달라진다.

근육은 생각보다 힘이 세다

앞에서 설명한 2가지 지레는 모두 힘점이 받침점 근처에 있는 형태다. 골격근은 좁은 공간 내에서 움직여야 하므로 약간의 수축만으로 뼈를 많이, 그리고 재빠르게 움직일 수 있게 되어 있다. 대신 매우 큰 힘을 발휘해야 한다. 이를 보면 근육은 참으로 강한 힘을 낼 수 있는 것이다.

45

왜 달리기 신호총을 화약 폭발식에서 전자식으로 바꿨을까?

육상 경기와 수영 경기에서는 신호총을 사용해서 출발 신호를 보낸다. 학교 운동회에서는 화약의 폭발음을 사용하지만, 국제 대회에서는 어떨까?

신호총의 소리가 선수에게 전해지는 시간 차

과거에는 총을 쏠 때 화약이 폭발하는 소리를 육상 경기와 수영 경기의 출발 신호로 삼았다. 예를 들어 1964년에 열린 도쿄 올림픽에서는 진짜 38구경 권총으로 공포를 쏴서 출발 신호를 보냈다.

도쿄 올림픽 전까지는 트랙의 레인 수가 6개였다. 한 경기마다 6명 선수가 경쟁했다는 뜻이다. 그런데 1960년 전후로 선수층이 두꺼워지면서 출전 인원이 증가했기 때문에, 도쿄 올림픽부터는 레인 수가 8개로 늘어나 8명의 선수가 함께 뛰었다.

그런데 이때 스타터 위치가 문제가 되었다. 스타터는 부정행위를 확인하기 위해 모든 선수가 다 잘 보이는 위치에 있어야 한다. 예를 들어 400m 달리기에서 모든 선수가 잘 보이는 위치에 스타터가 서서 신호총을 쏜다고 하자. 그러면 1레인의 선수와 8레인의 선수가 신호총 소리를 듣는 시간에 차이가 생긴다(그림 45-1).[1]

---

1 「이중으로 들린 도쿄 올림픽의 호포(「ガー」の後「ドン」二重に聞こえた東京五輪の号砲)」, https://style.nikkei.com/article/DGXMZO15431170Y7A410C1000000/ 참고.

그림 45-1　400m 달리기에서 스타터의 위치와 선수와의 거리

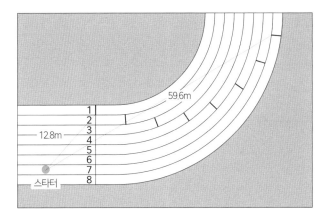

1레인과 8레인은 100m 달리기에서는 약 8m, 200m 달리기에서는 약 27m, 400m 달리기에서는 약 47m, 4×400m 이어달리기에서는 약 66m나 떨어져 있다.

음속을 331.5m/s라고 하면, 각각의 거리 차를 음속으로 나눠서 시간 차를 구할 수 있다. 각각 약 0.023초, 0.079초, 0.137초, 0.192초만큼 소리가 도달하는 데 걸리는 시간이 차이가 생긴다. 선수는 소리가 들릴 때까지 몸을 움직일 수 없으므로, 이러한 시간 차가 있으면 불공평하다.

현재 남자 100m 달리기 최고 기록은 자메이카의 우사인 볼트 선수가 2009년 8월 16일에 수립한 9초58이다. 즉, 공식 기록은 0.01초 단위까지 남는다. 0.01초 단위로 기록을 겨루는 상황에서 이러한 시간 차는 큰 문제가 된다.

그래서 2010년 밴쿠버 올림픽부터 달리기 신호총은 화약 폭발식

에서 전자식으로 바뀌었다. 전자식 신호총의 방아쇠를 당기면, 총에서 소리가 나는 대신 전기 스위치가 눌려서 전기 신호가 각 레인의 스타팅 블록에 내장된 스피커까지 거의 광속으로 전해진다. 그러면 각 레인의 선수 뒤쪽에 있는 스피커에서 동시에 소리가 나온다(〈그림 46-1〉 참조).

소리의 속도

우리 귀에 들리는 대부분의 소리는 공기를 통해 전해진 것이다. 기온이 높아 공기 중의 온도가 높을수록 공기 분자가 격하게 움직이므로, 이웃한 분자에게 음파를 건달히는 속도기 뻘라진다. 반내토 시온이 낮아 공기 중의 온도가 낮을수록 이웃한 분자에게 음파를 전달하는 속도가 느려진다. 공기 중에서 소리가 전달되는 속도는 다음 식으로 구할 수 있다.

$$음속[m/s] = 331.5 + 0.6 \times 기온(℃)$$

소리는 고체와 액체 속에서도 전해진다

수영장에 자주 가는 사람은 물속에서 사람의 목소리를 들어본 적이 있을 것이다. 이것은 물도 공기와 마찬가지로 진동을 전달할 수 있기 때문이다. 소리는 액체와 고체 안에서도 전해진다. 물은 공기보다 4배, 강철은 15배나 빨리 소리를 전달할 수 있다.

올림픽 경기 중에 아티스틱스위밍[2]이라는 종목이 있다. 음악에 맞춰 수면과 물속에서 화려한 움직임을 겨루는 경기다. 이 경기에서는 수중용 스피커로 물속에도 음악을 틀어주므로, 선수는 물속에서 음악을 들으며 연기를 할 수 있다.

---

2 과거에는 싱그로나이즈드스위밍이라고 불렸지만, 2018년 4월부터 아티스틱스위밍으로 명칭이 바뀌었다.

46

스타팅 블록은 무슨 기능을 할까?

국제 육상 경기 중 400m 이하의 경기에서는 반드시 스타팅 블록을 사용해야 한다. 이는 선수뿐만 아니라 심판에게도 도움이 된다.

2가지 출발 방법

육상 경기 중에서 뛰는 속도를 겨루는 종목은 달리기와 장애물 달리기 등이 있다. 이 중에서 400m 이하의 경기에서는 스타팅 블록을 이용해 몸을 웅크린 상태에서 출발하는 크라우칭 스타트를 한다(그림 46-1). 그리고 그 외의 경기에서는 선 자세에서 출발하는 스탠딩 스타트를 한다.

그림 46-1 **스타팅 블록**

— 스타팅 블록

— 45번에서 소개한
출발 신호를 내는 스피커

지금이야 크라우칭 스타트는 매우 당연한 일이지만, 제1회 아테네 올림픽(1896년)에서 크라우칭 스타트를 한 사람은 미국의 토머스 버크 선수 단 한 사람뿐이었다. 버크 선수가 100m를 12초0으로 달려서 우승한 일을 계기로 크라우칭 스타트가 전 세계에 보급되었다.

현재 쓰이는 스타팅 블록은 금속으로 만들어져 있지만, 1900년 무렵에는 그러한 기구가 없었기 때문에 선수들은 스스로 구멍을 파서 발 디딜 자리를 만들었다. 그만큼 달리기에서 좋은 성적을 내려면 크라우칭 스타트가 필요하다고 생각한 것이다.

나아가는 방향과 힘을 가하는 방향

크라우칭 스타트의 장점은 땅바닥에 힘을 가한 반작용으로 받는 힘(추진력)의 방향과 실제로 나아가는 방향이 비슷하다는 것이다. 아무리 큰 힘을 받는다고 해도 방향이 엉뚱하다면 제대로 나아갈 수 없다(그림 46-2).

그림 46-2　**땅바닥에서 받는 반작용으로 나아간다**

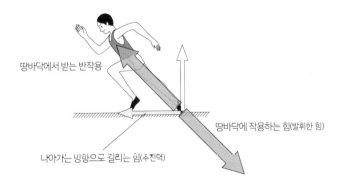

땅바닥에서 받는 반작용

땅바닥에 작용하는 힘(발휘한 힘)

나아가는 방향으로 길리는 힘(추진력)

예를 들어 평범하게 서 있는 상태에서 앞으로 걸어가는 상황을 생각해보자. 이때 발바닥이 계속 땅바닥에 붙어 있는 채로는 움직일 수 없다. 우선 엄지발가락 아래쪽에 있는 볼록한 부분을 땅바닥에 댄 채로 발을 기울인 다음 땅을 차야 한다. 이처럼 그냥 걸을 때도 땅바닥을 비스듬히 차면서 힘을 주고 있는 것이다(그림 46-3).

그림 46-3 **걷는 동작 분석**

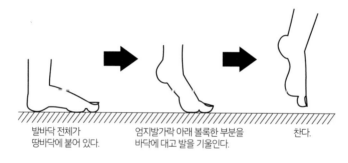

발바닥 전체가 땅바닥에 붙어 있다. 엄지발가락 아래 볼록한 부분을 바닥에 대고 발을 기울인다. 찬다.

그럼 달리기 시합에서도 발을 기울인 상태에서 출발하면 어떨까? 아쉽게도 그리 좋은 생각이 아니다. 발을 지나치게 기울이면 미끄러질 수 있기 때문이다.

미끄러지지 않으려면 마찰력이 작용해야 하는데, 마찰력은 땅바닥을 아래로 누르는 힘에 비례한다. 만약 심하게 발을 기울이면 아래 방향으로 누르는 힘이 줄어들어서 마찰력이 작아지고 만다.

하지만 스타팅 블록이 있다면 사정이 다르다. 처음부터 발을 기울일 수 있는 데다, 블록에는 수직으로 힘을 가하므로 미끄러질 염려도 없이 효율적으로 땅바닥을 찰 수 있다. 출발하자마자 빠르게 가속할 수 있는 특징 때문에 '로켓 스타트'라고 불리기도 한다.

추진력을 강하게 만드는 신발

추진력을 강하게 만드는 다른 방법도 있다. 바로 신발이다.

2020년에 일본에서 열린 하코네 역전 경주에서는 출전한 선수 중 84%가 똑같은 신발을 신었다.[1] 이 신발은 내부 구조가 용수철과 같은 작용을 해서 더 강한 힘으로 땅바닥을 찰 수 있다. 수상자 전원이 이 신발을 신고 있었다고 할 정도다.

그러나 이 신발을 신는다고 모두 다 빠르게 달릴 수 있는 것은 아니다. 땅을 차는 타이밍이 약간 변하므로 특별한 연습을 해야 하기 때문이다.

부정 출발 발견하기

스타팅 블록에는 선수의 출발을 돕는 기능뿐만 아니라 부정 출발을 발견하는 기능도 있다.

선수가 출발할 때 스타팅 블록을 차면 블록에 걸리는 압력이 변화한다. 출발 신호는 이미 전자화되어 있다. 그러므로 이 압력 변화를 검출하면, 출발 신호가 떨어지고 나서 선수가 움직이기 시작할 때까지의 시간인 반응 시간을 계측할 수 있다.

---

1 '나이키 줌X 베이퍼플라이 넥스트%'라는 밑창이 두꺼운 신발이다. 충격 흡수를 중시하면서도 반발력이 있어 추진력을 발휘할 수 있다는 섬이 특성이다. 빨리 딜딜 뿐만 아니라 빌이 빈는 충격을 줄일 수 있다고 한다.

이러한 반응 시간이 0.1초 미만이면 부정 출발로 간주한다. 0.1초
가 기준인 이유는 인간이 소리를 듣고 나서 반응할 때까지 적어도
0.1초가 걸린다고 알려져 있기 때문이다.

47

마라톤 경기 중 다른 선수 뒤에서 뛰면 어떤 이점이 있을까?

마라톤과 같은 장거리 종목과 스피드스케이팅의 단체 추월 경기, 자전거 경기 등에서는 여러 선수가 밀집해서 달리는 모습을 자주 볼 수 있다. 어떤 이점이 있기에 그러는 것일까?

공기 저항은 빨리 달릴수록 강해진다

우리는 천천히 걸을 때보다 빨리 달릴 때 더 강한 바람을 느낀다. 공기 중에서 움직일 때 받는 공기 저항은 속도의 제곱에 비례한다. 즉, 빨리 움직일수록 더 강한 저항을 받는다는 뜻이다. 예를 들어 자전거를 탈 때 속도가 빠를수록 더 강한 바람이 부는 것처럼 느낀다. 스카이다이빙은 낙하할 때 최대 속도가 시속 200km인데, 이렇게 속도가 빠르면 피부가 떨리며 움직일 정도로 강한 바람이 분다.

마라톤 선수가 느끼는 바람

마라톤 선수가 경기 중에 달리는 속도는 어느 정도일까? 2016년 리우데자네이루 올림픽 마라톤 경기에서 우승한 케냐의 엘리우드 킵초게 선수는 42.195km를 2시간 8분 44초 만에 달렸다.[1] 이는 초속

---

1 킵초게는 2018년 베를린 마라톤에서 2시간 1분 39초로 세계 신기록을, 2019년 10월 빈에서 열린 특별 경주에서는 역사상 최초로 2시간 이내(1시간 59분 40초, 비공식)에 완주하기도 했다.

5.5m, 시속 20km다.

2018년에 일본 스포츠청이 공개한 자료에 따르면, 중학교 1학년 학생의 50m 달리기 평균 기록은 8.42초다. 이를 속도로 환산하면 초속 5.9m, 시속 21km다. 시속 20km는 일반적인 가정용 자전거를 타고 빠르게 달릴 때의 속도와 비슷하다. 즉 마라톤 선수는 우리가 자전거를 타고 힘껏 페달을 밟을 때 느끼는 것과 비슷한 정도의 바람을 받으며 달리고 있는 것이다.

바람을 막기 위해 뭉쳐 달리기

바람을 느낀다는 말은 그만큼 저항을 받는다는 뜻이다. 만약 앞에 바람을 막아주는 사람이 있다면, 그만큼 바람 때문에 받는 저항을 줄일 수 있다. 달릴 때 위치를 잘 잡으면 바람의 저항을 대략 10분의 1 정도로 줄일 수 있다고 한다.[2]

그래서 경기 중에 앞에서 뛰는 선수가 바람을 막아주면, 뒤에 있는 선수는 체력을 아끼다가 결승선 직전에서 단번에 뛰어나가 선두에 설 수 있다. 이러한 전략을 '드래프팅'이라고 한다. 트라이애슬론 자전거 경기와 스피드스케이팅 개인 경기처럼 드래프팅을 금지하는 경기가 있다. 반면에 마라톤, 마라톤 수영, 스피드스케이팅 같은 단체 추월 경기(3인 1조로 선두를 교대하면서 달린다)처럼 드래프팅을 잘 활용해야 하는 경기도 있다.

----

2 일본 고가쿠인 대학의 이토 신이치로 교수 등에 의한 연구.

슬립스트림

마라톤처럼 인간이 달리는 정도의 속도라면 '바람막이' 효과밖에 없지만, 자전거 경기와 스피드스케이팅처럼 속도가 매우 빠르면 다른 효과도 나타난다. 빠른 속도로 움직이는 물체 뒤에서는 공기가 급격하게 밀려난 만큼 기압이 떨어지면서 공기가 소용돌이치는데, 뒤에 있는 물체가 이 소용돌이에 빨려 들어갈 수 있다. 이를 **슬립스트림**이라고 한다(그림 47-1).

그림 47-1 **슬립스트림**

자동차 경주에서는 슬립스트림을 이용해 자신이 운전하는 차의 부담을 줄이기도 한다. 물론 이러한 운전 기술은 대단히 숙련도가 높은 선수가 경기에서나 사용하는 것이다. 우리가 일상생활 속에서 자동차를 탈 때 슬립스트림을 활용하려 했다가는 차간 거리가 너무 좁아서 사고를 일으킬 위험이 크다.

48

수영할 때 속도가 가장 빠른 순간은 언제일까?

수영에는 자유형, 배영, 평영, 접영, 개인혼영이라는 5가지 종목이 있는데, 어느 종목에서도 물속에 뛰어들자마자 바로 팔을 돌리는 선수는 볼 수 없다.

수영에서 중요한 힘

수영 선수가 경기하는 중에 가장 빨리 헤엄치는 순간은 언제일까? 선수가 팔을 돌려서 앞으로 나아가는 힘을 만들어낸다는 점을 고려하면, 결승선 직전에서 가장 빠르지 않겠냐는 생각이 들 것이다. 하지만 실제로 가장 속도가 빠른 순간은 출발 직후다.

헤엄을 치며 앞으로 나아갈 때는 크게 나눠 2가지 힘이 작용한다. 하나는 물을 밀어냄으로써 얻는 **추진력**이며, 또 하나는 물에서 받는 **저항**이다(그림 48-1).

그림 48-1 **추진력과 저항**

216

우리가 걷거나 달릴 때 빨리 움직일수록 공기 저항도 심해진다. 이는 물속에서도 똑같아서, 빨리 움직일수록 강한 저항을 받는다. 그런데 공기와 물은 저항이 커지는 정도에 차이가 있다. **공기 중에서는 저항이 속도의 제곱에 비례하지만, 물속에서는 속도의 세제곱에 비례한다.** 그래서 육상 경기의 100m 달리기에서는 출발 이후의 자세 변화와 피로 등 다양한 이유로, 대략 60m 부근에서 가장 속도가 빠르다. 반면에 수영 경기에서는 저항의 영향이 지나치게 크다 보니, 일류 선수라도 출발한 직후가 가장 빠르며 그 후에는 계속 느려진다(그림 48-2). 즉, 빨리 헤엄치기 위해서는 저항을 줄이는 일이 가장 중요하다는 말이 된다. 선수가 물속으로 뛰어든 다음 바로 팔을 돌리지 않는 이유는 저항을 줄이기 위해서다.

그림 48-2 **육상 경기와 수영 경기에서 거리와 속도의 관계**

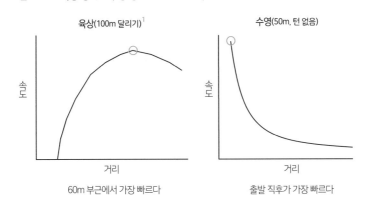

육상(100m 달리기)[1]

수영(50m, 턴 없음)

속도

거리

60m 부근에서 가장 빠르다

속도

거리

출발 직후가 가장 빠르다

---

[1] 일본 육상 경기 연맹 공식 사이트(2020년 6월 관람)의 자료(https://www.jaaf.or.jp/news/article/11327)를 수정.

수영할 때 받는 3가지 저항

수영할 때 받는 저항은 크게 3종류로 나눌 수 있다. 각각 ① 형상 저항, ② 조파 저항, ③ 마찰 저항이라고 한다(그림 48-3).

첫 번째 **형상 저항**은 물과 정면으로 부딪치면서 받는 저항이다. 선수가 헤엄을 칠 때는 반드시 앞에 있는 물과 부딪히면서 나아간다. 이 부딪히는 물의 양이 많으면 많을수록 저항도 커진다. 예를 들어 다리가 아래로 가라앉은 정도가 심할수록 형상 저항이 커진다고 볼 수 있다. 물론 몸이 좌우로 휘어져 있을 때도 마찬가지다.

그림 48-3   **수영할 때 받는 3가지 저항**

수영할 때는 되도록 다리가 가라앉지 않고 좌우로 흔들리지 않는 '유선형 자세'를 취하는 일이 가장 중요하다고 하는데, 그 이유가 바로 형상 저항 때문이다. 물고기의 몸도 유선형이라서 형상 저항을 적게 받으며 헤엄칠 수 있다(그림 48-4).

두 번째인 **조파 저항**은 수면에 생긴 물결 때문에 받는 저항이다. 머

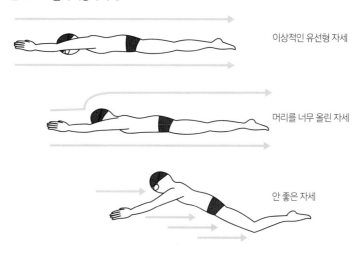

그림 48-4 **물의 저항과 자세**

이상적인 유선형 자세

머리를 너무 올린 자세

안 좋은 자세

리와 몸으로 물을 밀어내면 물결이 만들어지고, 팔을 돌리느라 팔이 물 위로 나올 때와 물속으로 들어갈 때도 물결이 만들어지며 조파 저항이 생긴다. 수영 선수는 최소한의 동작으로 먼 거리를 나아가는 훈련을 하는데, 이는 팔을 돌리는 횟수를 되도록 줄여 조파 저항을 덜 받기 위해서다.

극단적으로 말하면 물 위로 나오지 않은 채 계속 잠수하고 있으면 아예 조파 저항을 받지 않을 수 있다. 실제로 1988년 서울 올림픽 배영 경기에서 일본의 스즈키 다이치 선수가 30m나 잠수하여 우승했다.[2] 수영 경기 중계에서 많이 들리는 "잠수해야 한다"라는 말은 조파 저항을 줄여서 빨리 헤엄쳐야 한다는 뜻이다.

....

2   현재는 규칙이 개정되어 잠수는 벽에서 15m 거리까지만 허용된다.

세 번째는 **마찰 저항**이다. 마찰 저항이란 피부와 물 사이에서, 혹은 털과 물 사이에서 발생하는 저항이다. 이는 훈련을 통해 극복할 수는 없지만, 털을 밀거나 수영복과 수영모를 착용하는 등의 방법으로 줄일 수 있다.

2009년의 세계 수영에서 37개나 되는 세계 신기록을 세우며 화제가 된 수영복은 남녀 모두 온몸을 감싸는 전신 수영복이었다. 고무 옷감 등을 붙여서 마찰 저항을 극한까지 줄인 제품이었다(현재는 사용 금지). 현재 사용되는 경기용 수영복은 다리를 올리는 데 도움을 주게끔 설계되어 있어서, 형상 저항을 줄일 수 있다.

49

얼음 위에서 스케이트가 미끄러지는 이유가 아직 명확하게 밝혀지지 않았다고?

스피드스케이팅과 컬링 등 얼음 위에서 다양한 스포츠가 이루어진다. 그런데 의외로 '얼음 위에서 미끄러지기 쉬운 이유'는 아직 명확히 밝혀지지 않았다.

얼음에 압력이 걸리면 녹아서 물이 된다는 이론

얼음이 압력을 받으면 녹는다는 현상을 바탕으로 한 압력융해설은 오랫동안 지지를 받아왔다. 이는 〈그림 49-1〉과 같은 되얼음 실험으로 확인해볼 수 있다.

가는 실의 양 끝을 물이 든 페트병에 묶은 다음 얼음 위에 매달아둔다. 그러면 잠시 후에 실이 얼음 속으로 파고들어 가며, 결국에는 얼음을 통과해버린다. 이때 얼음은 2개로 쪼개지는 것이 아니라 다시 원래대로 붙는다. 실이 얼음 속으로 파고드는 이유는 페트병의 무게 때문에 압력이 걸린 부분만 녹는점이 내려가 얼음이 녹아버리기 때문이다.

실이 통과하여 압력이 사라지면 녹는점이 원래대로 돌아오면서 얼음이 다시 달라붙는다. 이처럼 압력 때문에 녹은 얼음이 압력이 사라지면 다시 어는 현상을 '되얼음(복빙)'이라고 한다.

이러한 현상은 얼음의 밀도가 물보다 낮다는 점(얼음은 물에 뜬다)과 관련이 있다. 얼음에 '압력을 가한다'는 말은, 즉 압축해서 밀도를

그림 49-1 **되얼음 실험**

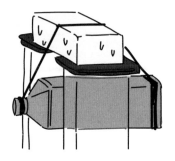

페트병의 양쪽에 가는 실을
묶어서 얼음에 매달아 압력
을 가함

높인다는 뜻이다. 그러므로 얼음은 강한 압력을 받으면 더 밀도가
높은 물이 되려고 하면서 녹는점이 떨어진다.

압력으로 얼음의 녹는점을 1℃ 내리려면 120기압의 압력이 필요하
다. 스케이트 날이 얼음에 가하는 압력은 약 500기압에 달하므로 녹
는점은 약 3.5℃ 떨어진다.

하지만 이는 -3.5℃보다 낮은 온도에서는 얼음이 녹지 않는다는
말이 된다. 피겨스케이팅은 -5.5℃, 스피드스케이팅은 -7℃가 최적
의 온도로 알려져 있으므로 조건이 맞지 않는다.

스케이트와 얼음의 마찰로 발생하는 열로 얼음이 녹는다는 이론

압력으로 녹는다는 학설 다음으로 나온 것이 스케이트 날과 얼음
표면이 접촉하면서 생기는 마찰열 때문에 얼음이 녹는다는 것이었
다. 이 학설은 수많은 학자의 지지를 받았으며, 현재도 스케이트가
미끄러지는 유력한 이유라 여겨진다.

그런데 이 학설에도 결점이 있다. '액체 상태의 물이 생겨서 윤활

제 역할을 하면 잘 미끄러지지만, 그러면 마찰이 작아져 마찰열이 줄어든다'라는 모순이 생기기 때문이다. 그래서 움직이지 않고 그냥 서 있을 때도 잘 미끄러지는 이유를 제대로 설명할 수 없다.

얼음은 압축에는 잘 버티지만 어긋남에는 약하다는 이론

1976년에 일본의 쓰시마 가쓰토시(설빙물리학)가 제창한 학설이다. '얼음은 위에서 누르는 힘에는 잘 버티지만, 옆 방향으로 가하는 힘에는 약해서 쉽게 무너지므로 잘 미끄러진다. 이는 얼음을 구성하는 분자가 위에서 보면 육면체를 몇 겹이나 쌓아 올린 것 같은 구조를 이루기 때문이다. 스케이트 날에 의한 옆 방향의 힘 때문에 얼음의 분자 구조가 쉽게 어긋나므로 얼음 표면은 미끄러지기 쉽다'라는 설명이다(그림 49-2).

그림 49-2 **수소 결합을 통해 연결되어 틈새가 많은 구조를 이루는 얼음 결정**

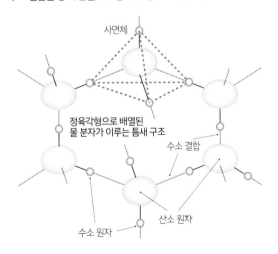

특히 얼음의 육각기둥 결정의 축에 수직인 면이 미끄러지기 쉽다. 그래서 쓰시마 가토시는 1998년 나가노 동계올림픽에서 육각기둥 결정을 빼곡히 채워 마찰을 작게 만든 빙순 링크[1]라는 장대한 시도를 했다. 그 결과 일본의 스피드스케이팅 선수 시미즈 히로야스 선수[2]가 링크 레코드를 기록했으며, 일본의 국민 체육 대회 31종목 중 26종목에서 대회 신기록이 나오는 등의 성과로 이어졌다.

얼음 표면의 물 분자는 결합이 느슨해서 움직이기 쉽다는 이론

2018년에 얼음이 미끄러운 이유를 분자 수준으로 조사한 논문인 「얼음의 미끄러지기 쉬움에 관한 분자 통찰」이 발표되었다.

일반적으로 얼음은 물 분자와 다른 3개의 물 분자가 수소 결합으로 연결되어 결정 구조를 이룬다. 그런데 앞의 논문에 따르면 0°C보다 훨씬 더 낮은 온도에서 얼음 표면의 물 분자는 2개의 물 분자하고만 이어질 수 있다. 또한 얼음 표면의 물 분자가 굴러다니면서 자유롭게 붙었다 떨어졌다 할 수 있는 상태라고 한다. 이때의 얼음 표면은 마치 무대 위에 작은 구슬이 잔뜩 뿌려져 있는 것과 같은 상태라고 할 수 있는 것이다.

원래 기온이 영하인 환경에서도 얼음 표면에는 얇은 물의 막이 존재한다는 설이 있었다. 이 논문의 저자는 얼음을 '3차원적인 액체라

---

1 빙순이란 물이 방울져 떨어져서 생기는 '얼음 죽순'과 비슷하다. 빙순 링크는 단일 결정을 길러서, 그것을 미끄러운 면을 따라 잘라내어 여러 개를 늘어놓은 것이다.
2 1998년 나가노 동계올림픽에서 금메달 1개, 동메달 5개를 획득했다.

기보다는 2차원적인 '가스'와 닮았다고 설명한다.

이처럼 스케이트가 미끄러지는 이유에 관해서는 다양한 이론이 있다. 그러나 아직 완벽하게 결론이 나지 않은 상태다.

50

피겨스케이팅 5회전 점프는 얼마나 어려울까?

피겨스케이팅 연기를 보면 처음에는 선수가 천천히 돌다가 점점 회전 속도가 빨라질 때가 있다.
잘 보면 회전 속도에 따라 팔의 위치가 다르다는 사실을 알 수 있다.

팔을 내밀고 접으며 회전 속도 조절하기

피겨스케이팅 선수는 회전 점프와 스핀을 할 때 팔을 접거나 머리 위로 올리면서 회전 속도를 조절한다. 이러한 기술의 원리를 설명할 때는 놀랍게도 천체 운행과 똑같은 물리 법칙이 쓰인다. 바로 독일 물리학자 요하네스 케플러가 발견한 **면적 속도 일정 법칙**[1]이다. 태양과 그 주위를 회전하는 행성을 잇는 선이 일정한 시간 동안 그리는 부채 꼴의 넓이는 항상 일정하므로, 행성의 속도는 태양에서 가까울 때는 빠르고 멀 때는 느리다는 법칙이다(그림 50-1).

면적 속도 일정 법칙과 스핀

면적 속도 일정 법칙은 간단한 실험으로 확인해볼 수 있다. 실을 가는 관에 통과시키고 실 끝에 물체를 매단 다음, 관을 잡고 물체를 빙빙 돌린다. 이때 동일한 힘을 주더라도 관 밖으로 나온 실의 길이(회

---

1 물리에서는 '각운동량 보존의 법칙'이라고 부른다.

그림 50-1　태양과 지구: 면적 속도 일정 법칙

원일점
(가장 태양에서 멀다)

빠르다

근일점
(가장 태양과 가깝다)

행성　　　태양

느리다

태양이 꼭짓점인 부채꼴의 넓이는 항상 같다
(화살표 부분의 통과 시간이 같을 때)

그림 50-2　면적 속도 일정 법칙과 피겨스케이팅의 스핀

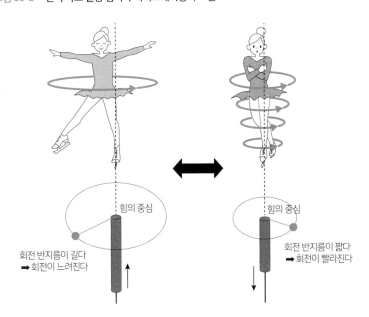

힘의 중심

힘의 중심

회전 반지름이 길다
➡ 회전이 느려진다

회전 반지름이 짧다
➡ 회전이 빨라진다

전 반지름)를 짧게 만들면 더 빨리 회전하는 것을 확인할 수 있다. 반대로 관 밖으로 나온 실의 길이가 길어지면 더 느리게 회전한다(그림 50-2).

이는 피겨스케이팅 선수의 팔의 상태와 같다. 예를 들어 스핀 연기를 할 때 처음에는 펼쳤던 팔을 접어 가슴에 댐으로써, 회전 반지름을 작게 만들어 가속한다. 시간이 지나면 이번에는 팔을 뻗어 회전 반지름을 크게 만들어 감속한다. 점프한 다음 착지할 때나 스핀을 끝낼 때 양팔과 다리를 뻗는 것도 균형을 잡기 위해서만이 아니라 회전 속도를 줄이려는 의도도 있다.

점프의 종류

피겨스케이팅에서는 뛰어오르는 방법과 회전수를 기준으로 점프의 종류를 구분한다. 2020년 1월 기준으로 가장 회전수가 많은 것은 4회전(쿼드러플) 점프이다. 뛰어오르는 방식에 따라 쉬운 순으로 토루프, 살코, 루프, 플립, 러츠, 악셀이 있다. 앞으로 나아가다 뛰어오르

그림 50-3 **악셀 점프**

는 유일한 점프인 악셀로 4회전을 성공시킨 사람은 아직 없다(그림 50-3). 또 5회전 점프를 성공시킨 사람도 없다.[2]

5회전 점프를 뛰려면 어떻게 해야 할까?

일본의 하뉴 유즈루 선수의 4회전 점프는 도약 높이가 60cm에 근접하며, 체공 시간은 0.73초에 이른다. 인간이 1초 동안 공중에서 회전할 수 있는 최대 횟수는 7회라는 견해가 있다. 여기에 하뉴 유즈루 선수의 체공 시간인 0.73초를 적용하면, '7회 × 0.73초 = 5.11회'가 된다. 이것을 보면 5회전 점프도 절대 꿈이 아님을 알 수 있다.

회전수의 한계에 도전하는 방법 외에도 '0.8초 이상'의 체공 시간을 확보하는 방식으로도 접근할 수 있다. 그렇다면 '0.1초'만 더 벌면

그림 50-4　**5회전 점프의 조건**

① 1초당 7번의 회전 속도(=인간의 한계)로 0.73초 동안 뛰어오를 수 있어야 한다.

② 60cm 이상 뛰어올라 1초당 6번 이상의 회전 속도로 체공 시간 0.8초를 확보할 수 있어야 한다.

7　하뉴 유즈루 선수는 2018년 평창 동계올림픽 후의 기자회견에서 4회전 악셀과 5회전이 어려움을 소개했다. 4회전 반 악셀은 '자신의 꿈'이라고 했다.

된다. 도움닫기 속도를 늘린다거나, 점프력을 향상한다거나, 혹은 도움닫기에서 점프로 넘어갈 때 에너지를 효율적으로 전환할 수 있게 기술을 갈고닦으면, 이 '0.1초'를 만들어낼 수 있을지도 모른다.

현재 규칙에 따르면 4분의 1회전 미만이면 회전이 모자라도 점프가 성립되었다고 본다. 공중에서 4.75회전을 하면 '5회전 성공'이라고 할 수 있다(그림 50-4). 최근 피겨스케이팅의 기술은 남녀 모두 눈부시게 발전하고 있다. 4회전 악셀과 5회전 점프가 더는 꿈이 아닌 날도 그리 멀지 않을 것이다.

51

장대높이뛰기 선수가
높이 뛸 수 있는 이유가 뭘까?

장대높이뛰기에서 바를 뛰어넘으려면 얼마나 무게중심을 몸 아래쪽으로 옮길 수 있느냐가 관건
이다. 장대의 탄력성은 물론, 최첨단 재료 연구의 성과를 발표하는 자리기도 하다.

바를 뛰어넘기 위한 각 과정

장대높이뛰기[1] 경기는 〈그림 51-1〉에 나온 것처럼 3가지 과정으로

나눠서 생각해볼 수 있다. 우선 ①② 도움닫기 구간을 달리는 운동

그림 51-1

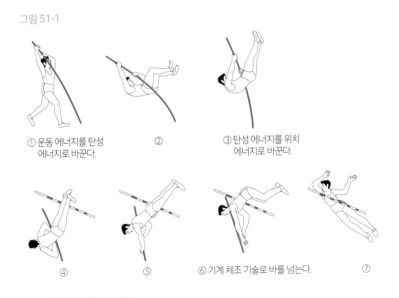

① 운동 에너지를 탄성   ②   ③ 탄성 에너지를 위치
   에너지로 바꾼다.   에너지로 바꾼다.

④   ⑤   ⑥ 기계 체조 기술로 바를 넘는다.   ⑦

---

1 '봉고도'라고도 부른다.

에너지를 장대의 탄성 에너지로 바꾸는 과정, ③④ 그 탄성 에너지를 몸의 위치 에너지로 바꾸는 과정, ⑤⑥⑦ 마지막으로 교묘하게 몸을 굽히는 '기계 체조 기술'을 선보이는 과정이다. 특히 ②에서 ③, ④에서 ⑤로 넘어갈 때가 중요하다.

대나무, 철, 유리 섬유로 만든 장대

장대를 이용한 높이뛰기 경기는 옛날부터 있었다. 19세기에는 히커리라는 단단한 나무로 만든 막대를 사용했다. 이후에는 더 탄력이 있는 대나무를 사용하기도 했다. 장대높이뛰기는 첫 번째 근대 올림픽인 1896년 아테네 올림픽에서 정식 종목으로 채택되었다.[2] 이윽고 장대의 재질은 튼튼한 철로 바뀌었지만, 기록은 그다지 오르지 않아서 4m 87cm(16피트)가 한계라는 말까지 있었다.

그런데 20세기 중반부터 탄력이 좋은 유리 섬유[3]로 만든 장대를 사용하기 시작하면서 기록이 점점 늘어 갔다. 현재의 세계 기록은 6m 18cm(실내 기록)이다. 이처럼 기록 갱신의 역사는 장대 개량의 역사기도 하다.

---

[2] 특히 1936년의 베를린 올림픽에서 니시다 슈헤이와 오에 스에오가 각각 받은 은메달과 동메달을 쪼개서 이어붙인 이야기가 유명하다(기록은 4m 25cm). 일본에서는 질 좋은 대나무를 입수하기 쉬웠다는 점이 장대높이뛰기가 성행한 이유라는 말도 있다.

[3] 섬유를 열경화성 플라스틱 등의 내부에 분산시킨 다음 성형하여 굳힌 것이다. 유리 섬유 강화 플라스틱(GFRP)이라고도 부른다. 그 밖에도 탄소 섬유나 탄소 섬유 강화 플라스틱(CFRP)으로 만든 장대도 쓰인다. 1962년에 열린 세계 육상 대회에서 4m 87cm의 기록을 깼을 때 유리 섬유로 만든 장대를 사용했다.

역학적 에너지 보존의 법칙

이제 〈그림 51-1〉 ①과 ③의 과정에서 역학적 에너지 보존의 법칙에 관해 생각해보자. 질량이 m인 선수가 속도 v로 달릴 때의 운동 에너지는 $(1/2)mv^2$이다. 이것이 전부 다 탄성 에너지를 거쳐 위치 에너지로 바뀌면 mgh가 된다. 여기서 g는 중력가속도, h는 높이다. 보존 법칙을 적용하면 $(1/2)mv^2 = mgh$가 된다.

이러한 식을 정리하면 $h = v^2/(2g)$가 되며, 질량 m에는 의존하지 않는다. 따라서 이 경기는 몸무게에 의한 차이가 없다는 말이 된다. 여기에 $g = 9.8m/s^2$, $v = 10m/s$를 대입하면 $h = 5.1m$가 된다.

이때 선수의 무게중심이 지상에서 1.0m 위치에 있다고 해보자. 그러면 선수가 이를 수 있는 한계 높이는 6.1m가 된다. 장대의 탄력을 충분히 끌어낸다 해도 에너지 보존 법칙에서 벗어날 수는 없을 텐데, 실제 세계 기록은 이보다 더 높다. 대체 어떻게 된 일일까?

기계 체조 기술

〈그림 51-1〉 ⑥을 다시 살펴보자. 바를 넘어서는 장면을 잘 보면, 몸의 무게중심이 바보다 낮은 위치에 있음을 알 수 있다. 여기서 교묘한 '기계 체조 기술'을 사용한다. 몸의 균형을 유지하며 수직 방향으로 올라간 다음, 무게 중심이 바와 가까워지면 몸을 비틀어서 다리를 바 너머로 넘기는 과정이다.

이때 몸을 재빨리 접어서 배를 아래로 거의 직각이 되게 굽힌다. 이를 통해 몸의 무게중심을 몸 바깥 부분(배 근처)으로 내보낼 수 있다.

만약 선수의 키가 180cm고 굽힌 각도가 90°라면 몸의 무게중심은 바에서 15cm나 아래에 있다. 이 굽힌 자세 그대로 몸을 장대에 휘감듯이 반시계 방향으로 반회전시킨다.

여러분도 부디 이 드라마틱하고 화려한 경기를 보면서 물리를 생각하는 참맛을 느껴봤으면 한다.

제 7 장

구기 종목에

· · · · · · · · · · ·

넘쳐나는 물리

· · · · · · · · · · ·

공을 어떤 각도로 던져야 멀리 날아갈까?

공 던지기를 잘하는 사람이 있는가 하면 어려워하는 사람도 있다. 공을 멀리까지 던지는 요령은
무엇일까? 물리적으로 생각해보자.

포물선을 그리며 날아간다

"물체를 던지면 어떤 식으로 날아가는가?"라는 문제는 17세기에 탄
두학이라는 분야를 통해 활발하게 연구되었다. 탄도학은 대포알이
날아가는 방식을 연구하는 학문으로, 표적을 정확하게 맞히기 위해
발전했다. 사실 대포에서 튀어나온 탄환이든 어린아이가 던진 공이
든 상관없이 모든 물체는 〈그림 52-1〉과 같은 곡선을 그리면서 날아
가며, 이를 **포물선**이라고 한다.

던지는 각도가 중요하다

공을 수평 방향으로 던지면 중력 때문에 금방 땅에 떨어지고 만다.

그림 52-1 **물체는 포물선을 그리며 난다**

그림 52-2　던지는 각도와 날아가는 거리

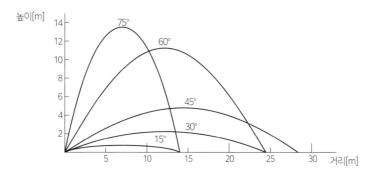

초기 속도 60km/h로 공을 던졌을 때 각도에 따라 다양한 궤적이 나오며, 각도가 45도일 때 가장 멀리까지 날아간다.

바로 위를 향해 던지면 공중에 오랫동안 머무르기는 하지만, 결국 다시 던진 장소에 떨어질 뿐이다. 따라서 비스듬히 위쪽을 향해 던져야 떨어질 때까지의 시간도 벌면서 수평 방향으로도 멀리까지 날아갈 수 있다.

공기 저항을 무시하고 일정한 속도로 던진다면, **땅바닥에서 45도 각도로 던졌을 때 가장 멀리 날아간다**는 게 밝혀졌다(그림 52-2). 또한 각도가 똑같다면 초기 속도가 빠를수록 더 멀리까지 날아간다.

공기 저항을 고려하자

공기가 물체의 운동을 방해하여 속도를 떨어뜨리는 현상을 공기 저항이라고 한다. 속도가 빠를수록 많은 양의 공기와 부딪치므로 공기 저항의 영향이 현저하게 드러난다(그림 52-3). 또한 가볍고 단면적이 넓은 물체일수록 공기 저항을 강하게 받는다.

100km/h의 속도로 공을 던졌을 때, 공기 저항의 영향으로 속도가 절반으로 줄어들 때까지의 날아간 거리를 계산한 결과,[1] 야구공의 경우는 130m라고 한다. 즉 투수와 타자 사이의 거리(18.44m) 정도라면 거의 속도가 떨어지지 않지만, 홈런을 쳤을 때나 외야에서 홈으로 공을 던질 때는 영향이 나타난다는 뜻이다.

반면에 탁구공은 고작 6.6m만 날아도 속도가 반으로 줄어 버린다. 이는 탁구대의 길이가 2.74m임을 고려하면 약간 영향이 있다는 정도일 것이다. 어느 쪽이든 날아가는 거리가 그리 길지 않을 때는 신경 쓰지 않아도 된다.

그림 52-3 **공기 저항을 고려한 공의 궤적**

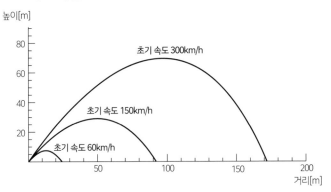

- 야구공을 60km/h, 150km/h, 300km/h의 초기 속도로 수평에서 45도 위를 향해 던졌을 때의 공기 저항을 고려한 궤적이다.
- 초기 속도가 300km/h일 때는 포물선과 상당히 차이가 나지만, 60km/h 일 때는 포물선과 거의 구별하기 힘들다.

---

1 『날고 있는 역학(とんでる力学)』, 마키노 준이치로, 2005년, 마루젠.

사람의 던지는 능력

사람은 물건을 정확하게 멀리 던지는 능력이 다른 동물보다 뛰어나다고 한다. 두 다리로 걸어 다닐 수 있기에, 팔을 크게 휘둘러 힘을 주면 작은 돌 정도의 물체는 먼 곳까지 던질 수 있다.

은퇴한 야구선수 스즈키 이치로는 홈으로 공을 던질 때 속도와 정확성이 매우 뛰어났다. 공의 초기 속도가 약 150km/h(약 40m/s)나 되었다는 말도 있다. 이만큼 빠르다면 17도 정도 각도로 던져도 외야에서 홈까지 약 90m 거리를 땅에 떨어지는 일 없이 날아갈 수 있다.

단, 실제로 공을 먼 곳으로 능숙하게 던지려면 당연히 이러한 이론만으로는 부족하고, 수없이 많은 연습을 해야 한다.

53

던지거나 찬 공의 궤도가 휘어지는 원리가 뭘까?

구기 종목의 묘미 중 하나는 '날아가는 방향이 휘어지듯이 변화하는 공'일 것이다. 공을 회전시키면 궤도가 휘어지는 '매그너스 효과'에 관해 알아보자.

올림픽 골이란?

축구에서 코너킥으로 찬 공이 누구의 몸에도 맞지 않고 그대로 골문으로 들어가는 일을 '올림픽 골'이라고 부른다. 1924년 파리 올림픽에서는 우루과이 팀이 우승했는데, 이들에게 패한 아르헨티나 팀이 같은 해에 열린 다른 시합에서 설욕의 승리를 거두었을 때 바로 이 '올림픽 골'로 득점을 따냈다.[1]

보통 코너에서 골을 바라보면 2개의 골포스트는 완전히 겹쳐 보인다. 따라서 코너에서 찬 공이 골문으로 들어가기는 대단히 어렵기에, 보통은 골 앞에 있는 아군 선수에게 패스해서 헤딩이나 킥으로 득점을 노린다.

매그너스 효과

공이 날아가는 공간 속에는 당연히 '공기'가 있다. 공기 중을 날아가

---

1 올림픽 우승팀에게서 빼앗은 골이므로 '골 올림피코'라고 불렸던 일에서 유래했지만, 코너킥으로 골인한 시합 자체는 올림픽 시합이 아니었다.

는 공이 회전하고 있다면, 공은 공기에 의해 진행방향과 수직한 방향으로 힘을 받아 궤도가 휘어진다. 이를 **매그너스 효과**라고 한다.

공이 받는 힘의 방향은 공 전면의 회전 방향과 같다고 기억하면 된다. 공이 받는 힘은, 공기가 점성에 의해 공 표면에 끌려가서 공 뒤쪽에서 휘어지는 반작용으로 생긴다(그림 53-1).

올림픽 골을 재현하려면 코너킥을 차는 선수가 공의 바깥쪽(골에서 먼 쪽)을 강하게 차서 원하는 궤도의 커브와 똑같은 방향으로 강한 회전을 걸면 된다. 물론 날아가는 거리와 각도가 절묘하게 맞아떨어져야 하니 대단히 어려운 기교라고 할 수 있다.[2]

그림 53-1 **코너킥과 매그너스 효과**

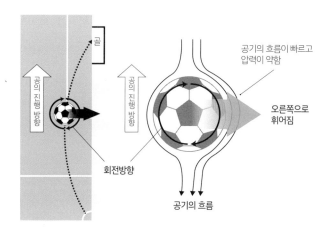

골

공의 진행 방향

공의 진행 방향

회전방향

공기의 흐름이 빠르고 압력이 약함

오른쪽으로 휘어짐

공기의 흐름

2 매그너스 효과에 관한 실험(Backspin Basketball Flies Off Dam),
   https://www.youtube.com/watch?v=2OSrvzNW9FE 참고.

탁구의 참맛

탁구는 그냥 봤을 때 올림픽 종목 중에서 가장 간단해 보이는 스포츠다. 그런데 탁구공은 대단히 가볍기 때문에 매그너스 효과를 비롯한 역학적인 효과가 현저하게 드러나게 된다. 그래서 속도감과 고도의 기술을 즐길 수 있다.

탁구채로 공 윗부분을 문지르듯이 '드라이브' 회전(순회전)을 걸어주면, 네트를 넘어간 공이 갑자기 떨어진다. 반대로 '커트'를 치면 역회전이 걸려서 멀리 날아가 상대방의 코앞에서 떨어진다(그림 53-2). 어느 쪽이나 매그너스 효과에 의해 공의 궤도가 변화한 것으로, 이것이 탁구의 참맛이라고 할 수 있다.

올림픽 수준의 탁구는 서로 속고 속이는 세계라고 볼 수 있다. 공을 치는 순간에 탁구채를 미묘하게 움직여 공의 회전을 제어하면, 매그너스 효과를 이용해 공의 궤도와 튈 때의 반사각을 변화시킬 수 있다. 그래서 탁구 선수는 상대방이 공을 치는 순간의 움직임을 보

그림 53-2 **탁구의 드라이브와 커트**

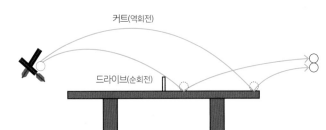

고 공의 궤도를 예측하여 즉시 대처한다.[3] 공이 날아오는 것을 보고 나서 움직이면 너무 늦기 때문이다.

야구 투수도 매그너스 효과를 이용한다

야구 경기에서도 매그너스 효과를 사용한다. 야구방망이는 비교적 가는 편이므로 공의 궤도를 약간만 바꿔줘도 타격을 피하는 데 효과적이다. 그래서 투수는 타자를 속이기 위해 변화구를 많이 던진다.

공에 순회전을 걸어 던지면 매그너스 효과 때문에 공이 더 빨리 떨어진다.

그림 53-3 **야구의 주요 구종: 오른손잡이일 경우**

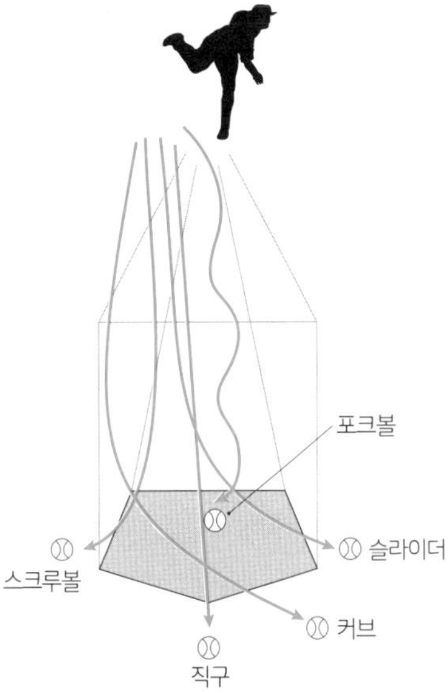

포크볼

스크루볼

슬라이더

커브

직구

야구의 구종 중 커브는 순회전이 강한 '떨어지는' 구종이다. 공에 수평 회전을 가하면 좌우로 꺾이게 만들 수도 있다. 투수가 공을 던진 팔 방향으로 꺾이는 구종을 스크루볼이라고 하며, 반대 방향으로 꺾이는 구종을 슬라이더라고 한다(그림 53-3).

---

3 탁구의 물리학(卓球の物理学, https://pp-physics.com/) 참고.

회전이 없는 공

반대로 '회전이 전혀 없는 변화구'도 있다. 공이 회전하지 않은 채로 날아가면 공 뒤에 불규칙한 공기의 흐름이 생겨서 궤도가 미묘하게 흔들린다. 이를 야구와 탁구에서는 너클볼이라고 하며, 축구에서는 무회전 슛이라고 부른다. 특히 축구의 무회전 슛은 어느 방향으로 꺾일지 알 수 없다고 한다.

54

공에 회전을 거는 이유가 뭘까?

럭비와 미식축구에서는 독특한 타원구 모양 공을 사용하며, 공을 패스할 때는 안정적으로 날아가도록 회전을 걸어 던진다. 이는 팽이가 쓰러지지 않는 원리인 '자이로 효과'를 이용한 것이다.

비슷하지만 다른 종목

럭비와 미식축구는 둘 다 축구에서 유래하기는 했지만, 규칙과 전술이 전혀 다른 별개의 스포츠다. 두 종목의 커다란 차이점으로 패스에 관한 규칙을 들 수 있다.

우선 럭비에서는 자신보다 앞으로 패스하는 일이 '스로 포워드'라는 반칙에 해당하므로, 좌우나 뒤를 향해 언더스로로 패스한다. 또한 패스를 받은 선수가 공을 제대로 잡지 못해 앞으로 떨어뜨리는 일도 '녹온'이라는 반칙이다.

반면에 미식축구에서는 앞으로 패스해도 괜찮고, 전방을 향해 호쾌하게 오버스로로 던질 때도 있다. 단, 패스를 받는 쪽에서는 공을 땅에 떨어뜨려서는 안 된다. 만약 공을 떨어뜨리면 던진 곳에서 다시 시작해야 한다.

타원구에 회전 걸기

럭비와 미식축구는 전혀 다른 경기지만, 구형이 아니라 독특한 타원구 모양의 공을 사용한다는 공통점이 있다.[1] 그리고 두 종목 모두 공을 패스할 때 긴지름을 따라 회전(스핀)을 건다.

럭비에서는 가까운 곳으로 패스할 때는 회전이 없는 패스(스냅 패스)를 하기도 하지만, 주로 사용하는 것은 '스크루 패스'다. 손목의 스냅을 이용해 비틀듯이 던지면, 공의 긴지름을 따라 회전이 걸려서 흔들리지 않고 안정적인 자세로 날아간다.

한편 미식축구에서는 오버스로로 패스를 던질 때 타원구의 장축을 던지려는 방향으로 향한 다음 강한 회전을 걸어 던진다. 이를 '스파이럴을 건다'고 한다.[2] 미식축구 공에는 양쪽에 흰 띠가 그려져 있는데, 정확하게 스파이럴이 걸린 공은 이 흰 띠가 전혀 흔들려 보이지 않아서 멀리서 보면 회전하는지 알 수 없을 정도다.

팽이가 쓰러지지 않는 자이로 효과

타원구의 긴지름을 따라 회전을 걸어주면 공이 안정적으로 날아가는 이유는, 회전하는 팽이가 쓰러지지 않는 이유와 같다.

자유롭게 회전하는 물체는 외부에서 힘을 받지 않는 한 회전축의 방향과 회전 속도를 일정하게 유지한다. 이를 **각운동량 보존의 법칙**이라고 한다. 만약 외력으로 회전축을 기울이려 하면 회전축이 흔들리는 '세차 운동'이 일어난다. 팽이가 빠르게 회전할 때는 똑바로 서 있지

---

1 럭비공은 질량이 400~440g, 길이가 280~300mm다. 한편 미식축구공은 질량이 397~425g, 길이가 272~286mm라서 럭비공이 조금 더 굵고 무겁다.
2 스파이럴(Spiral)은 '나선'이라는 뜻으로, 럭비의 스크루(Screw)와 같은 뉘앙스다.

만, 회전 속도가 떨어지면 세차 운동이 커지다가 결국은 쓰러지고 만다(그림 54-1).

이처럼 물체의 회전 속도가 빠를수록 자세가 안정되는 성질을 **자이로 효과**라고 한다. 럭비의 스크루와 미식축구의 스파이럴은 이 자이로 효과를 이용하여 공의 자세를 안정시키는 방법인 것이다. 그 외에도 다양한 상황에서 자이로 효과를 찾아볼 수 있다.

프리스비도 원반의 회전을 통하여 공기의 흐름에 대해 일정한 자세를 유지하고 안정된 양력(공기가 물체를 위 방향으로 들어 올리는 힘)을 얻을 수 있다. 손목의 스냅을 이용해 회전축이 원반에 대하여 수직이 되도록 던지는 것이 요령이다.[3]

로켓이나 인공위성의 자세를 안정시킬 때도 자이로 효과를 이용한다. 선체에 회전을 걸어서 회전축을 우주공간에 대하여 일정한 방향

그림 54-1　**세차 운동**　　　　　　그림 54-2

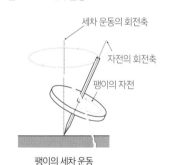

세차 운동의 회전축

자전의 회전축

팽이의 자전

팽이의 세차 운동

북극성

지축

자전 방향

**지구의 자전축은 언제나
북극성을 가리킴**

3　요요, 디아볼로(저글링 할 때 사용하는 중류 팽이), 그릇 돌리기 등 회전하는 물체를 다루는 경기나 곡예에서는 자이로 효과를 이용하는 사례가 적지 않다.

으로 유지할 수 있다. 공기저항이 없는 우주에서는 회전이 오래 지속되므로 경제적인 자세 안정법이라고 할 수 있다.

실은 우리가 사는 지구도 자전하므로, 지구 자체가 거대한 팽이라고 할 수 있다. 지구의 회전축은 항상 북극성을 가리키고 있다. 우리가 북극성의 위치로 방향을 알 수 있는 이유도, 태양이 계절에 따라 일정한 각도에 떠 있는 것도 자이로 효과 덕분이다(그림 54-2).

55

야구의 '스위트 스폿'이란 무엇을 말할까?

공이 야구방망이의 '스위트 스폿'에 맞으면 공이 일직선으로 날아가고 손이 저리지도 않는다. 이는 야구방망이의 진동과 깊은 관계가 있다. 그 위치가 어디인지 생각해보자.

스위트 스폿에 맞았을 때의 쾌감

일본 프로야구에서 홈런왕이었던 유명 선수[1] 가 은퇴할 때, "여태까지 현역으로 타자를 계속해온 이유는 돈이나 인기 때문이 아니다. 공이 야구방망이의 스위트 스폿에 맞았을 때 느껴지는 '앗, 홈런이다'라는 쾌감을 잊을 수 없기 때문이다"라는 말을 했다고 한다. 이런 말을 할 정도로 스위트 스폿에 맞았을 때 감각은 짜릿하다는 것이겠지만, 바꿔 말하면 일류 타자라도 공을 스위트 스폿에 맞추기는 어렵다는 뜻이기도 하다.

야구방망이의 진동

야구방망이로 공을 칠 때는 방망이의 가는 손잡이 부분을 잡고 휘둘러서 방망이의 굵은 부분으로 공을 맞춰야 한다. 어떤 물체든 공

---

1 가네모토 도모아키 선수의 말로 일러져 있지만, 비슷한 발언은 많다(다나카 이도후미, 『辛い始 氷見緋太郎の事件簿』, 소겐추리문고).

그림 55-1

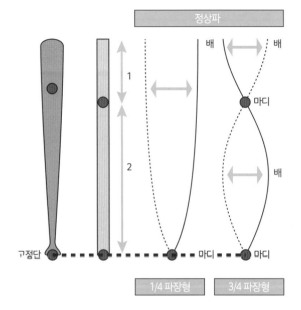

야구방망이가 같은 가늘고 긴 막대에서 발생하는 진동의 정상파인 4분의 1 파장형과 4분의 3 파장형이다. 4분의 3 파장형일 때 막대 내부에 있는 '마디'의 위치는 야구방망이처럼 복잡한 형태에서는 특정하기 힘들지만 반드시 있다.

과 부딪히면 진동이 발생한다. 야구방망이에서 발생한 진동은 손잡이로 전해져서 손을 '저리게' 만든다. 이러한 진동은 불쾌할 뿐만 아니라, 공을 튕겨낸다는 목적과는 상관없는 일이므로 에너지 면에서도 손해다. 따라서 이러한 진동은 작을수록 좋다(효율이 좋다)고 할 수 있다.

일반적으로 물체가 진동하는 형태는 복잡하지만, 야구방망이처럼 가늘고 긴 물체라면 〈그림 55-1〉에 나온 것처럼 비교적 간단하다. 야구방망이를 막대라고 생각하면 대강의 진동 형태를 상상할 수 있다.

손잡이는 손으로 잡고 있는 부분이므로, 진동의 '마디'라 불리는 진폭이 0인 점에 해당하며 이를 '고정단'이라고 한다. 반면에 방망이의 반대쪽 끝은 손으로 잡고 있지 않으므로, 진동의 '배'라고 불리는 진폭이 가장 큰 점이 된다. 파동의 파장은 '마디', '배', '마디', '배'로 이루어져 있다. 그러므로 〈그림 55-1〉의 가운데 그림이나 오른쪽 그림과 같은 형태가 될 것이다.

이처럼 형태가 고정된 파동을 **정상파**라고 한다. 물론 시간이 흐르면서 격하게 진동하기는 하지만, '마디'와 '배'의 위치는 변하지 않는다.

〈그림 55-1〉 가운데 그림인 '4분의 1 파장형의 정상파'는 공이 방망이의 손잡이 외의 부분에 맞으면 발생한다. 반면 오른쪽 그림인 '4분의 3 파장형'에서는 방망이 안에 마디가 하나 더 있다. 이 방망이 안에 있는 마디 부분에 공이 맞으면 쓸데없는 진동이 적어서 손의 저림이 덜하게 된다. 이것이 '공이 스위트 스폿에 맞은' 감각이다. 단순한 형태의 막대라면 손잡이에서 전체 길이의 3분의 2만큼 떨어진 부분이다. 야구방망이는 굵기가 일정하지 않으므로 정확한 위치를 찾기가 어렵지만, 반드시 존재한다. 바로 이 부분이 '스위트 스폿'인 것이다.

정상파의 효과를 체감하는 실험

이제 '마디'의 존재를 확인하는 실험을 해보자. 〈그림 55-2〉처럼 길이가 140cm 정도 되는 사슬을 준비한다. 오른손잡이라면 사슬의 상단을 왼손으로 잡는다. 이 부분이 고정단이다. 그 상태에서 오른손으

그림 55-2

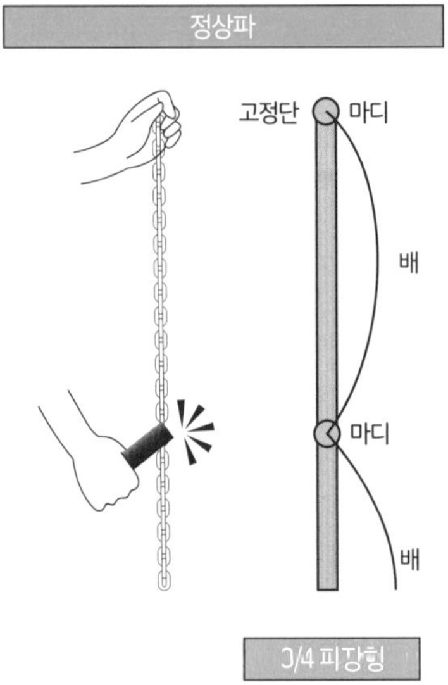

정상파

고정단　마디

배

마디

배

3/4 파장형

길게 늘어뜨린 사슬을 두드려서 반동의 크기를 조사하는 실험으로, 그림에 나
온 파동의 형태는 사슬을 두드렸을 때 발생하는 4분의 3 파장형 정상파다. <그
림 55-1>과는 위아래가 반대라서 고정단이 위에 있다.

로 자 등을 이용해 사슬을 두드려 보자. 사슬의 가장 아랫부분부터
두드린 다음, 조금씩 위로 올라오면서 두드려 보면 된다.

　실험을 해보기 전에는 "오른손에서 느껴지는 반동은 사슬의 맨 아
랫부분을 두드렸을 때 가장 강할 것이다"라고 예상하는 사람이 많
을 것이다. 하지만 막상 해보면 맨 아랫부분에서는 사슬이 크게 움직
이기는 하지만, 오른손에 느껴지는 반동은 그다지 크지 않다. 그러면
이번에는 "사실의 무게 중심을 두드렸을 때 가장 반동이 강할 것이
다"라는 예상을 할 것이다. 하지만 무게 중심을 두드려도 반동은 크
지 않다. 아무래도 무게 중심과 맨 아랫부분 사이에 가장 반동이 강

한 부분이 있을 것 같다. 이것이 앞에서 말한 '스위트 스폿'이다.

실제로 그 부분을 치면 아래에도 위에도 변형이 잘 전달되지 않으며, 손에는 강한 반동이 느껴진다. 에너지가 사슬의 위아래 방향으로 도망치지 못하는 듯한 느낌이다.

56

배구의 홀딩은 선수와 심판의 눈치 싸움이라고?

배구 경기에서 공을 받아칠 때 '공을 멈춰서는 안 된다'는 규칙을 지킬 수 있을까? 공은 변형되어 반발한다. 이러한 '역학'부터 '심판과의 눈치 싸움'의 실태까지 두루 살펴보자.

배구의 규칙

배구에서는 '공을 손(팔)으로 멈춘 다음' 받아치는 일이 홀딩이라는 반칙이다.[1] 이것은 대체 무슨 뜻일까?

공이 평평한 면에 부딪힌 다음 튕겨 나갈 때는 공이 변형되면서 운동 에너지가 탄성 에너지로 전환된다. 즉, 공의 속도가 줄면서 공의 모양이 변해 가는 것이다. 이윽고 운동 에너지가 모두 탄성 에너지로 변하면 속도는 0이 된다.

그 후에 변형되었던 공이 다시 원래 모습으로 돌아오면서 향으로 움직이기 시작한다. 공이 완전히 원래 모양으로 돌 론적으로는 처음 공이 가지고 있던 것과 똑같은 속도 향해 날아간다.

---

1 정확하게 말하면 '캐치볼'이라는 반칙이다.

반발 시간 내에 공을 다뤄야 한다

이렇게 공이 튕겨 나가는 데 필요한 시간을 한번 생각해보자. 배구에서 리시브할 때 공의 속도는 평균 시속 40km 정도[2]이므로, 초속 10m 정도다. 공의 변형이 10cm라고 하면 걸리는 시간은 0.01초 정도가 된다.

이 정도의 시간으로 공이 자연스럽게 반대쪽으로 튕겨 나가면 홀딩 반칙으로 치지 않는다. '정지'한 시간은 0.001초 정도일 테니 타당한 일이라고 할 수 있다.

그러나 이렇게 이상적인 반발로는 공의 방향과 속도를 조절할 수 없다. 선수는 어떻게든 정지 시간을 늘리되 반칙이 되지 않는 범위 내에서 공을 다루려고 노력한다.

선수와 심판의 눈치 싸움

세터가 손가락을 사용해 공을 토스하면, 공의 속도가 느려진가 진행 방향도 수평에 가까운 방향에서 위 방향(수직 방향)으 꿔므로 홀딩인지 아닌지 판단하기가 대단히 어렵다. 팔의 각도 목·손가락(끝부분)의 움직임이 복잡하게 관여하는 동작이다.

이렇다 보니 뛰어난 선수는 심판에게 '공을 멈춰 세웠다'는 인상 주지 않도록 절묘하게 공을 다룰 수 있어야 한다. 올림픽 수준의 일류 세터는 시합 초반에 심판이 어느 정도까지 홀딩 판정을 하지 않

---

2 남성의 스파이크(어택)는 시속 150km가 되기도 한다.

는지 확인한다.

화려한 배드민턴 경기 속 숨겨진 트릭

라켓을 사용하는 경기에서도, 라켓에 공을 정지시키면(정지시킨 인상을 주면) 헬드 온 더 라켓[3] 이라는 반칙이 된다. 그런데 배드민턴처럼 셔틀콕을 쳐서 시속 400km나 되는 속도를 내는 종목에서는 대단히 난감해진다. 시속 400km는 초속 100m를 넘는, 고속철도보다 빠른 속도다. 라켓이 10cm 움직인다면, 셔틀콕이 라켓에서 가속하는 시간은 0.001초밖에 되지 않는다.

  이렇게 짧은 시간 동안 셔틀콕의 움직임을 조절하는 일은 불가능하다는 생각이 들 것이다. 그러나 올림픽 수준의 선수는 이를 해낸다. 아주 짧은 시간 만에 셔틀콕을 제어해야 하는데, 라켓에 줄을 너무 고르게 매어 두면 시간이 너무 짧아 대응하기 힘들다. 그래서 선

그림 56-1

수는 의도적으로 줄을 비틀어서 매어 둔다.[4] 이 부분적으로 '느슨한' 부분을 이용해 0.001초 단위의 '셔틀콕을 제어할' 시간을 벌어서, 〈그림 56-1〉처럼 셔틀콕을 튕겨낼 방향을 조절한다.

---

4 '줄을 비틀어' 매는 일에 관한 실험은 일본의 스포츠 메이커인 미즈노가 공개해놨다(구로이 가쓰유키, "올림픽을 장식하는 테크놀로지(五輪を彩るテクノロジー)", Wedge Dec.2019, p.85).

참고 자료

池田圭一・服部貴昭『水滴と氷晶がつくりだす空の虹色ハンドブック』文一総合出版(2013)

江沢洋・東京物理サークル『物理なぜなぜ事典１ 力学から相対論まで』日本評論社 (2011)

左巻健男『面白くて眠れなくなる物理』PHP研究所 (2012)

左巻健男『面白くて眠れなくなる物理パズル』PHP研究所 (2018)

左巻健男編著『話したくなる！つかえる物理』明日香出版社 (2013)

竹原伸『初めての自動車運動学』森北出版 (2014)

谷本道哉編著『スポーツ科学の教科書』岩波ジュニア新書 (2011)

夏目雄平『やさしく物理～力・熱・電気・光・波』朝倉書店 (2015)

夏目雄平『やさしい化学物理～化学と物理の境界をめぐる』朝倉書店 (2010)

夏目雄平、小川建吾『計算物理Ⅰ』朝倉書店 (2002年)

原康夫・右近修治『日常の疑問を物理で解き明かす』SBクリエイティブ (2011)

平塚桂『東京スカイツリー®の科学』SBクリエイティブ (2012)

深代千之 他『スポーツ動作の科学』東京大学出版会 (2010)

집필자

*번호는 집필 담당 항목이며, 직책은 원고 집필 당시의 것이다.

- 사마키 다케오(도쿄 대학 강사, 전 호세이 대학 교수)

  [1] [2] [5] [7] [14] [17] [22] [24] [28] [34] [36] [39] [40] [45] [49]

- 다사키 마리코(갓켄 실험과학학원 강사, 가와고에 간호전문학교 강사)

  [6] [25] [26] [35] [37] [41] [44] [52]

- 나가타 가즈야(도카이 대학 현대교양센터 조교)

  [8] [12] [27] [30] [42] [46] [47] [48]

- 나쓰메 유헤이(지바 대학 명예 교수(이학계물리))

  [4] [15] [23] [29] [31] [33] [51] [55] [56]

- 후지모토 마사히로(미키시립 지유가오카히가시 소학교 교사)

  [3] [9] [11] [13] [16] [21] [32] [50]

- 야마모토 아키토시(기타사토 대학 이학부 교수)

  [10] [18] [19] [20] [38] [43] [53] [54]